thinkoya

Für Anregungen und Anmerkungen bin ich vielen dankbar, besonders Thomas Bigalke, Thomas Dönnebrink, Sybilla Keitel, Anita Schwaier, Carina Weber von PAN Germany und den hilfreichen Menschen von Oya und thinkOya.

Dieses Buch wurde mit Unterstützung durch die Kampagne ›Ackergifte? Nein danke!‹ in die Welt gebracht.

Ute Scheub – Ackergifte? Nein danke!
Für eine enkeltaugliche Landwirtschaft
Akt 438

2. aktualisierte Auflage 2015
thinkOya ist ein Imprint der Drachen Verlag GmbH, Klein Jasedow

Umschlagmotiv: Albrecht Dürer und www.ackergifte-nein-danke.de
Layout, Satz und Herstellung: www.humantouch.de
Druck und Bindung: Finidr, s.r.o., Český Těšín
Printed in Czech Republic

ISBN 978-3-927369-87-0

www.think-oya.de

Ackergifte? Nein danke!

Für eine enkeltaugliche Landwirtschaft

Ute Scheub

thinkoya

Inhalt

Einleitung: Das stumme Jahr

Es war einmal eine Stadt, in der alle Geschöpfe in Harmonie mit ihrer Umwelt lebten. »Die Stadt lag inmitten blühender Farmen mit Kornfeldern, deren Gevierte an ein Schachbrett erinnerten, und mit Obstgärten an den Hängen der Hügel, wo im Frühling Wolken weißer Blüten über die grünen Felder trieben.« So erzählt es die US-Biologin Rachel Carson zu Beginn ihres 1962 erschienenen Ökoklassikers »Der stumme Frühling«.

Dann aber, so schreibt Carson weiter, »tauchte überall in der Gegend eine seltsame schleichende Seuche auf, und unter ihrem Pesthauch begann sich alles zu verwandeln ... Rätselhafte Krankheiten rafften die Kükenscharen dahin; Rinder und Schafe wurden siech und verendeten. Über allem lag der Schatten des Todes. Die Farmer erzählten von vielen Krankheitsfällen in ihren Familien ... Es herrschte eine ungewöhnliche Stille. Wohin waren die Vögel verschwunden? ... Es war ein Frühling ohne Stimmen.«[1]

Carsons poetisch geschriebenes Wissenschaftsbuch über den Vogelkiller DDT und andere Pestizide war die Ouvertüre zur Umweltbewegung in den USA und auf der ganzen Welt. Die Bestsellerautorin wurde 1963 vor das Beraterkomitee des Präsidenten zu einer Anhörung geladen, die jedoch zunächst folgenlos blieb: DDT wurde erst 1972 verboten.

Die schleichende Seuche und Umweltvergiftung, die Carson beschrieb, trug mehrere Namen, einer davon war ›Krebs‹. Auch die Schriftstellerin selbst fiel ihr zum Opfer: 1964, auf dem Höhepunkt ihres Erfolgs, starb sie an Brustkrebs. Seit der breiten Anwendung von Pestiziden ab den 1950er und 1960er Jahren sind die Krebsraten in den westlichen Industriestaaten in die Höhe geschnellt.[2]

Auch radioaktive Strahlung und andere Umweltgifte sowie Tabak- und Alkoholkonsum können Krebs auslösen. Pestizide sind nicht die einzige Krankheitsursache, aber eine wichtige – die gleichzeitig in der öffentlichen Wahrnehmung kaum vorkommt. Dabei ist vielfach wissenschaftlich belegt, dass chemische Pflanzengifte ein breites Spektrum an Gesundheitsschäden bei Tieren und Menschen bewirken, vor allem im Nerven- und Hormonsystem sowie in den Fortpflanzungsorganen. Wie im Folgenden noch genauer gezeigt werden wird, können sie unter anderem Brust- und Prostatakrebs, Potenzstörungen, Unfruchtbarkeit, Fehlgeburten und Missbildungen bei Embryonen auslösen.[3]

Allerdings genießen Chemieproduzenten den Vorteil, dass Kranke fast nie beweisen können, von ihnen vergiftet worden zu sein. Laut Krebsregister von 2013 starben im Bundesgebiet im Jahr 2008 rund 215 000 Menschen an dieser modernen Seuche, die meisten an Prostata-, Brust- und Darmkarzinomen – ungefähr jeder vierte Todesfall war krebsbedingt, bei Kindern war es

2012 jeder fünfte.[4] Gebiete mit intensiver agrarindustrieller Bewirtschaftung wie Niedersachsen und Schleswig-Holstein wiesen noch höhere Raten auf.[5]

»Der stumme Frühling« ist – trotz aller Unterschiede zwischen den Zeiten – heute immer noch oder schon wieder eine Gegenwartsbeschreibung. Zwar wurde ein ›dreckiges Dutzend‹ von Supergiften, darunter die von Carson angeprangerten Pestizide DDT, Aldrin, Dieldrin und Endrin, durch die Stockholmer Konvention von 2001 weltweit verboten. Dennoch gibt es immer noch über 400 hochgefährliche Ackergifte auf dem Weltmarkt; nach einer Recherche des deutschen Pestizid Aktions-Netzwerks (PAN) von 2012 boten BASF, Bayer und Syngenta mehr als 50 dieser Hochrisikostoffe auf ihren Websites zum Kauf an.[6] Und in den Industrienationen mögen Pestizide zwar weniger giftig sein, doch es werden immer mehr und immer vielfältigere gespritzt. Sie mischen sich zu wahren Giftcocktails, deren kumulative Wirkung die Wissenschaft bis heute nicht bewerten kann.

›Pestizide‹ sind ein Sammelname für chemische Substanzen, die gegen unerwünschte Lebewesen eingesetzt werden – gegen Wildkräuter (Herbizide), Insekten (Insektizide), Pilze (Fungizide) und weitere. Eine Unterkategorie sind die ›Biozide‹, die im nichtagrarischen Bereich eingesetzt werden, vor allem im Haushalt, aber auch in Bäckereien oder Supermärkten – etwa Rattengift oder Desinfektionsmittel. In Deutschland gibt es derzeit etwa 700 zugelassene Pestizid-Handelsprodukte, die meisten gegen Beikräuter. Jährlich mehr als 43 000 Tonnen Pestizid-Wirkstoffe landen auf deutschen Äckern; viele weitere Tausend Tonnen werden exportiert. Pro Jahr werden laut Umweltbundesamt auf einem landwirtschaftlich genutzten Hektar im Schnitt etwa neun Kilogramm Pestizide beziehungsweise zweieinhalb Kilogramm Wirkstoffe eingesetzt.[7] Pestizide seien schädlich für das Leben, weil sie in 0,000 000 000 001 Gramm wirksam sein können, schreibt Pestizidexperte Klaus Friedrich Haalck.[8] Wenn man sich vor Augen hält, dass schon ein Billionstel Gramm eine Wirkung auslösen kann, ist das eine ungeheure Giftmenge, die wir jedes Jahr unserem Land und uns selbst zumuten.

Wobei wir durchaus Verständnis haben für jene, die ihre Feldfrüchte von ›Eindringlingen‹ bedroht sehen. Alle, die sich gärtnerisch oder landwirtschaftlich betätigen, kennen die Wut, wenn Lebewesen aller Art die so mühsam ausgebrachte Saat oder Pflanzung mir nichts, dir nichts auffressen. Da liegt der Griff zu Mitteln, die die ›Vernichter vernichten‹, nicht fern. Das Problem ist nur: Sie haben fatale Nebenwirkungen.

Auch diesen Zusammenhang erkannte Rachel Carson bereits – als eine der ersten vermochte sie in vernetzten ökologischen Zusammenhängen zu denken. Seitenlang führte sie Belege dafür auf, dass sogenannte Schädlinge durch Pestizide nicht etwa vermindert werden, sondern sich ihre Zahl im Gegenteil rasant erhöht. Die überwiegende Mehrheit der fast eine Million umfassenden Insektenarten weltweit werde durch andere räuberische Insekten in Schach gehalten, schrieb sie. Aber »die meisten Chemikalien, die jetzt verwendet werden, töten alle Insekten, unsere Freunde wie unsere Feinde«. Kriebelmücken hätten sich nach dem Versprühen von Insektiziden »auf das Siebzehnfache« vermehrt; Ähnliches sei bei Spinnmilben zu beobachten, die früher durch Marienkäfer, Gallmücken und Raubwanzen in Zaum gehalten wurden, oder bei Blattwicklern, Baumwollkapselwürmern und Maiszünslern.[9] Ja, mehr noch: Immer schneller entwickelten sich giftresistente Arten, etwa bei Kleiderläusen oder Malariamücken, Bettwanzen oder

Zecken. Alles, was wir bekämpfen, wächst im Endeffekt. Alles, was wir unterdrücken, vermehrt sich letztlich.

Auch das ist heutige Gegenwart. Mindestens 24 verschiedene Superunkräuter, die gegen Monsantos Pestizid ›Roundup‹ immun sind, breiten sich weltweit in 18 Ländern aus; gegen das Herbizid Atrazin sind 64 Unkräuter resistent.[10] In den USA vermehren sich herbizidimmune Superunkräuter besonders auf den Anbauflächen gentechnisch veränderter Pflanzen. Sie finden sich inzwischen auf über 24 Millionen Hektar. Fast die Hälfte aller US-Landwirte sind davon betroffen, im US-Bundesstaat Georgia sind es gar 92 Prozent.[11] US-Wissenschaftler Charles Benbrook spricht von einem Teufelskreis: Angesichts von Superunkräutern wie dem gefürchteten Palmer-Fuchsschwanz steigern verzweifelte Landwirte den Einsatz von Pflanzengiften »um rund 25 Prozent pro Jahr«.[12] Auch resistente Superinsekten, etwa der Westliche Bohnenschneider und der Maiswurzelbohrer, breiten sich aus; sie verursachen katastrophale Schäden im US-Maisgürtel. Folge: Es werden immer härtere und toxischere Pestizidkombinationen gespritzt. Als »Rache von Käfer & Co« bezeichnet der Tiermediziner und kritische Gentechnikforscher Christoph Then in einer Studie dieses Phänomen.[13]

Ein Verdacht drängt sich auf: Sollten es die Chemiekonzerne etwa genau darauf angelegt haben? Sich durch Bekämpfung vermehrende ›Schädlinge‹ garantieren ihnen einen hochprofitablen Absatzmarkt – auf Dauer. Oder jedenfalls so lange, bis die Böden vollkommen kaputtgewirtschaftet sind. Die Chemiekeulen funktionieren dabei ähnlich wie eine Rüstungsspirale zwischen zwei verfeindeten Nationen: Je stärker die Waffen sind, die die eine Seite einsetzt, desto stärker rüstet auch die andere Seite nach. Die chemische Bekämpfung erzeugt Superinsekten und Hyperunkräuter, die mit neuen Giftkombinationen bekriegt werden.

Den zuckersüßen Begriff ›Pflanzenschutzmittel‹, wie Pestizide offiziell heißen, werden Sie deshalb in diesem Buch im Folgenden nicht mehr finden. Denn die meisten Chemiesubstanzen schützen Pflanzen nicht. Sie greifen massiv in die Ökosysteme ein, in die Humusschicht und den Stoffwechsel von Mikroorganismen, Pilzen, Pflanzen, Tieren und zuletzt auch Menschen.

Der Boden als Magen der Erde

Die Humusschicht unserer Erde ist mit einer Dicke von fünf bis fünfzig Zentimetern angesichts der Größe des Planeten geradezu mikroskopisch dünn, und doch hängt von ihr fast alles Leben ab. Sie lässt Pflanzen wachsen, die ihrerseits Tiere und Menschen ernähren und sie mit Sauerstoff versorgen. Pflanzenprodukte werden von Tieren gefressen; dabei entstehen aus Kohlenstoffverbindungen viele Tausend unterschiedliche Moleküle, die sie wieder ausscheiden und die dann in der Erde abgebaut werden. Der Boden ist also wie ein riesiger Magen, der unzählige organische Verbindungen ›verdaut‹. Diesen Job übernehmen zahllose Bodenlebewesen, die den Kohlenstoffkreislauf in Schwung und das Wasser sauber halten.

In einer Handvoll gesunden Bodens befinden sich mehr Mikroorganismen, als Menschen auf der Erde wohnen. In einer 30 Zentimeter tiefen Humusschicht steckt pro Quadratmeter eine unfassbar große Fülle von Lebewesen: nach Hochrechnungen je etwa 50 Schnecken, Spinnen und Asseln, 80 Regenwürmer, 100 Zweiflüglerlarven, 100 Käfer und Larven, 150 Kerbtiere, 300 Vielfüßler, 10 000 Borstenwürmer, 25 000 Rädertiere, 50 000 Springschwänze, je eine Million Fadenwürmer, Algen und Wimpertierchen, eine Milliarde Pilze, zehn Milliarden Strahlenpilze, 100 Milliarden Wurzelfüßer, 500 Milliarden Geißeltierchen und eine Billion Bakterien.[14] Pilze, Algen und Bakterien leben mit den Haarwurzeln der Pflanzen teilweise in Symbiose und tauschen Eiweiße, Vitamine und vieles mehr mit ihnen aus.

Bisher sind nur fünf bis zehn Prozent aller Bodenorganismen überhaupt bekannt, und es ist wissenschaftlich völlig unmöglich, ihre vielfältigen Wechselwirkungen, Koexistenzen und Symbiosen zu kennen. Diese wunderbare Welt zerstören wir mit jeder Dosis Kunstdünger, Gülle und Pestiziden. Düngergaben verhindern, dass die Pflanzen symbiotische Partnerschaften mit Mykorrhiza-Pilzen rund um ihre Wurzeln eingehen; die Pilze verschwinden, und die Wurzeln werden anfälliger für Parasiten.[15] Gülle und Gärrückstände aus Biogasanlagen sind fast sauerstofffrei und ersticken Bodenlebewesen oder verändern ihre Zusammensetzung, wodurch sich gefährliche Keime vermehren können. Schwer abbaubare Pestizide, Desinfektionsmittel und Tierarzneimittel tun hier ein Übriges. Mit der Agroindustrie verlieren wir den Boden unter den Füßen.

Agrokonzerne erzeugen dadurch ein im wahrsten Sinn des Worts fundamentales Problem: Sie verwüsten den Boden, von dem sie ernten, denn durch Monokulturen, Kunstdünger und Pestizide vermindern sie die Humusschicht und lassen die Erosion weit über die Rate des natürlichen Bodenaufbaus ansteigen. Es dauert Hunderte von Jahren, bis sich eine Humusschicht von ein bis drei Zentimetern gebildet hat – heute wird diese in der winzigen Zeitspanne von ein bis zehn Jahren abgetragen.

Der US-Geologe David R. Montgomery weist in seinem Buch »Dreck« auf den engen Zusammenhang zwischen Bodenerosion und dem Niedergang menschlicher Kulturen hin. Eine Grundvoraussetzung für die Entstehung von Hochkulturen ist ein Überschuss an Lebensmitteln, der eine ›denkende‹ Klasse ernähren kann. Sieht man von Pflanzen ab, die auf Substraten gezüchtet werden, kann dieser Überschuss nur auf ertragreicher Erde entstehen. Wird die Bodenfruchtbarkeit nicht auf Dauer erhalten, nimmt es mit der Zivilisation ein Ende.

Pestizide befördern darüber hinaus das weltweite Artensterben. Eine Studie des internationalen Wissenschaftsteams ›Task Force on Systemic Pesticides‹ kommt zu dem Schluss, dass Neonicotinoide negative Auswirkungen auf Bienen, Bestäubungsinsekten, Fische, Reptilien, Amphibien, Vögel und Säugetiere haben.[16] Vögel zum Beispiel finden nicht mehr genug Insekten, ihr Nachwuchs verhungert. Bereits die unvorstellbar geringe Konzentration des Pestizids Imidacloprid von gut 20 Billionstel Gramm pro Liter Oberflächenwasser führt laut einer niederländischen Untersuchung dazu, dass die Vogelanzahl jährlich um 3,5 Prozent zurückgeht, auch wenn das Beizmittel nicht direkt schädlich für die Tiere ist.[17]

Das EU-weite Forschungsprojekt AGRIPODES, in dem zwölf Universitäten und Forschungseinrichtungen aus acht Ländern zusammenarbeiten, ergab 2010: Pestizide verringern nicht nur die Biodiversität von Tieren und Pflanzen, sondern vernichten auch unsere Wahlfreiheiten in der Zukunft: Sie schränken die Möglichkeiten biologischer Schädlingsbekämpfung massiv ein. Herbizide schädigen die Pflanzenwelt; Insektizide schädigen Nützlinge; Fungizide schädigen Vogelarten.[18] Ein »zweiter stummer Frühling« habe begonnen, schreibt der Biologe Josef Reichholf über die Halbierung der europäischen Vogelarten in Europa.[19] Angesichts der anderen aussterbenden Arten ist es aber noch dramatischer: Uns droht ein stummes Jahr.

Im Ausmaß noch weit schlimmer als der Klimawandel sei das weltweite Artensterben, so das Ergebnis einer internationalen Studie von 2009 unter Leitung von Johan Rockström.[20] Der Artenschwund gefährde das sichere Weiterleben der Menschheit, weil ganze Ökosysteme und damit auch die Welternährung zusammenzubrechen drohten. Tier- und Pflanzenarten sterben heutzutage mindestens tausendmal so schnell aus wie in den vergangenen 60 Millionen Jahren. Inzwischen gilt jede vierte Säugetier- und fast jede siebte Vogel-Spezies als bedroht; bei den Amphibien sind es sogar zwei Fünftel aller Arten. Pestizide sind hier zwar nicht die alleinige Ursache, aber sie setzen gerade Fröschen und Lurchen mit ihrer feuchten Haut und ihren durchlässigen Membranen besonders zu. So ergab eine Untersuchung des Instituts für Umweltwissenschaften an der Universität Koblenz-Landau etwa, dass der Einsatz erlaubter und ›empfohlener‹ Mengen von sieben Pestiziden 20 bis 100 Prozent der Grasfrösche tötete.[21]

An einer Stelle müsste Rachel Carson deshalb heute korrigiert werden. Nicht nur in der Stadt, sondern vor allem auf dem Land grassiert die Seuche. Die Spatzen pfeifen es von den Dächern: Die Tiere flüchten massenhaft in die Städte, der ›Moloch Großstadt‹ ist heute für zahllose Arten mehr oder weniger die letzte Überlebenschance. Bienen finden in Stadtparks und urbanen Kleingärten mehr Nahrung als in pestizidverseuchten ländlichen Monokulturen, wo es kaum noch brummt und summt. Im Berliner Stadtgebiet mit seinen ausgedehnten Gewässern und Brachflächen leben schätzungsweise 20 000 Tier- und Pflanzenarten. Etliche bedrohte Spezies wurden schon gesichtet, etwa Heldbock, Juchtenkäfer oder Gottesanbeterin. Über 200 Turmfalkenpaare brüten in Kirchtürmen und Hochhäusern; etwa 60 Kraniche haben ihren Schlafplatz in Berlin; Feldlerchen ziehen die Brache auf dem früheren Flughafen Tempelhof den toten Flächen der Agroindustrie vor; rund 1000 Nachtigallen bereichern das Berliner Nachtleben.[22] Auch Wildpflanzenarten ›flüchten‹ in die Citys, in einigen Städten befinden sich bereits doppelt so viele wie auf dem Land.[23] Wer sich als Stadtpflanze in Sicherheit wähnt, sollte sich allerdings nicht täuschen – auch in Stadtparks, auf Bahnhöfen, Schulhöfen und in Schrebergärten wird oft massiv gespritzt.

Stumm ist der Frühling noch in anderer Hinsicht: Auf dem Land herrscht vielerorts ein Schweigekartell. Landwirte und andere Betroffene, die durch Gifte krank wurden, schweigen aus Scham und Angst vor den sozialen Konsequenzen – das wurde im Zug der Recherchen für dieses Buch immer wieder deutlich. Diejenigen, die es doch wagen und öffentlich reden, sind mutige Menschen: Oft haben sie schwer an den sozialen Folgen zu tragen – sie werden ausgegrenzt, lächerlich gemacht, als ›Weicheier‹ beschimpft, gar zum Abhauen aufgefordert. Viele Behörden behandeln sie als Querulanten, Nörgler und Hysteriker, beantworten ihre Briefe ausweichend oder gar nicht, Strafanzeigen werden bloß abgeheftet – ihre in diesem Buch dokumentierten Berichte legen davon ein beredtes Zeugnis ab.

Immer und immer wieder machen Betroffene die Erfahrung, dass niemand ihnen hilft und niemand für Schäden zur Rechenschaft gezogen werden kann. Ein Amt schiebt die Verantwortung auf das andere: Die lokalen Behörden verweisen auf die der Länder, diese auf den Bund, und von dort geht es wieder munter zurück.

Eine solche organisierte Verantwortungslosigkeit, mitgetragen von gut bezahlten Beamten, die eigentlich im Dienst der Bürgerinnen und Bürger stehen sollten, ist ein Skandal. Das Mindeste, was man der Bevölkerung schuldig ist, wäre die Schaffung einer Bundesschutzbeauftragten oder die Einsetzung eines Ombudsmanns, an den sich Betroffene wenden könnten.

Der Bericht von Sybilla Keitel steht hier stellvertretend für viele weitere.

Wo die Uckermark stirbt: Erfahrungsbericht von Sybilla Keitel, Aktivistin und Betroffene aus Brandenburg

Unsere Familie hat seit vielen Jahren ein Haus in der wunderbaren Landschaft der brandenburgischen Uckermark. Doch überall dort, wo agrarindustrielle Holdings die Regie übernommen haben, ist das typische Erscheinungsbild in riesige Maismonokulturen verwandelt. Durch Kunstdünger und Pestizide werden der Natur maximale Erträge abgepresst mit der Folge, dass der Magerboden mit den typischen Ackerwildkräutern stirbt. Damit sterben auch die Wildtiere, denen man ihre Nahrung entzieht.

Am Anfang stand die Errichtung zahlreicher Biogasanlagen. Dann verschwanden auf den Äckern um unser Dorf herum die lokalen Feldfrüchte Roggen, Weizen und Gerste, ersetzt durch Mais- und Rapsmonokulturen in Folge. Selbst für Blühsäume samt Kornblumen, Mohnblumen, Ackerwinde, Kamille, Johanniskraut, Schafgarbe wird kein Platz mehr gelassen.

Das neue Saatgut ist gebeizt mit einem Nervengift aus der Gruppe der Neonicotinoide. Sogenannte Unkräuter werden vernichtet mit Herbiziden wie ›Fuego‹ und ›Butisan‹; etwa jedes dritte Jahr werden die Flächen dazu gründlich totgespritzt mit dem Totalherbizid Glyphosat. Kaum ein Bodenlebewesen findet sich noch in diesen Äckern. Bei Starkregen rutschen die erodierten Böden die Hänge hinab, und mit dem Wasser die Pestizide, welche sich in hochgradig kontaminierten Söllen sammeln. Insekten, Bienen, Frösche, Vögel trinken daraus und sterben.

Es gibt schon lange keine Feldhamster, keine Rebhühner mehr, Regenwürmer sind mittlerweile eine Rarität. Schwalben werfen ihre Jungen aus den Nestern, weil es für sie nicht genügend Insekten gibt, Goldammern sind total verschwunden. Schmetterlinge beschränken sich auf Kohlweißlinge, Amphibien sind an der Nachweisgrenze. Die giftige Brühe sickert langsam ins Grundwasser oder wird über Bäche in Flüsse und Seen geleitet.

Wir haben Wasserproben aus einem Tümpel analysieren lassen. Die Pestizidrückstände überschritten die Grenzwerte der Europäischen Wasserrahmenrichtlinien um das 120-Fache. Behörden und Landwirte stellten das als bedauerlichen Einzelfall dar. Später wurden plötzlich ganz andere Grenzwerte zur Beurteilung herangezogen, die ›regulatorisch akzeptablen Konzentrationen‹.

Aus Landwirten sind ›Energiewirte‹ geworden. Sie arbeiten jetzt als Dienstleister für auswärtige Möbel- oder Elektrofabrikanten, die neuen Feudalherren im Business-Anzug. Diese kaufen alle unsere Flächen zu jedem gewünschten Preis auf. Darauf bauen sie ›Bioenergie‹-Pflanzen an und kassieren dafür hohe Subventionen. Auf diese Weise wurden aus lebendigen Äckern mit einer wunderbaren Artenvielfalt chemische Nährböden für die Spritpflanzenproduktion. Was man jetzt hört, sind die gigantischen Maschinen, die sich brutal Bahn brechen durch alles, was ihnen im Weg steht, wie Obstbäume, Hecken, Brachen, womit sie die letzten Rückzugsräume der Tiere zerstören. Der Gesang der Feldlerchen ist bloße Erinnerung. So stirbt die Natur langsam vor sich hin.

Es gibt fast keine Bauernhöfe mehr, und mit ihrem Verschwinden findet kaum noch dörfliches Leben statt, keine Frühlings- oder Erntefeste, keine Gasthöfe als Zentrum von Begegnung, keine Tradition und Kultur. Rekulturierungsversuche kommen eher von außen. Das sind meistens Berliner, die mit eigenen Mitteln versuchen, Dörfer durch Theater, Literatur- und Kunstereignisse wiederzubeleben. Solange EU-Subventionen aber in Energiepflanzen, Biogasanlagen oder Tierfabriken fließen, ist das ein fast aussichtsloser Wettlauf gegen die Ziele des agrarindustriellen Gewinnstrebens. Letztlich kann ›Rekulturierung‹ doch nur dann Wurzeln schlagen, wenn sie von der ansässigen Bevölkerung ausgeht, die vom Land gut leben kann. Junge Landwirte aber haben kaum Chancen auf Betriebsgründung, weil ungefähr 85 Prozent der landwirtschaftlichen Flächen an Agrarindustrielle verkauft worden sind. Manche auswärtigen Konzernchefs haben die Uckermark, deren Boden für sie so profitabel ist, vermutlich noch nie gesehen. Worauf sollte sich da eine kulturelle Identität der Menschen gründen?

Der ländliche Rhythmus des Jahres wird bestimmt durch agrochemische Maßnahmen, die zunehmend unabhängig von den Zyklen der Natur erfolgen. Weitgehend unbemerkt von öffentlicher Aufmerksamkeit findet eine bedrohliche Transformation der Natur in eine Industriebrache statt. Wir haben um öffentlichen Pestizid-Alarm gebeten, wenn gespritzt wird, vor allem wegen der Kinder. In den Feldern spielen sollten sie sowieso nicht mehr, denn diese sind vergiftet: Das ist die schöne neue Kinderwelt auf dem Lande.

Alle Bemühungen, diesen alarmierenden Entwicklungen Einhalt zu gebieten, haben wenig genützt. Die Uckermark ist nur schwach bevölkert, Widerstand ist kaum vorhanden, ideale Bedingungen also für Investoren. Die Landwirtschaftspolitik bestimmen die Lobbyisten von Bayer CropScience, Syngenta, BASF, Monsanto und Co., flankiert von den Investoren für Massentierhaltung.

Von Regierungsseite kommt keine Hilfe. Im Gegenteil: Immer mehr Tierfabriken werden genehmigt, das ist Regierungsprogramm. Ungeheure Güllemengen sollen auf den Äckern verklappt werden, Mais verträgt das dreimal im Jahr – eine Win-win-Situation für die Fleisch- und Agrarindustrie. Die Investoren haben holländische Namen. Über das Emsland und Mecklenburg-Vorpommern erobern sie nun den leeren Osten Brandenburgs, weil Holland schon in Gülle versinkt. Aber auch Einheimische springen auf den Zug, der Fördermittel verspricht, bauen riesige Ställe oder verticken ihre Äcker an auswärtige Meistbietende. Die Gier nach Geld zerstört ihre eigenen Lebensgrundlagen.

Wir haben deshalb eine Demonstration gegen die Massentierhaltung in Haßleben organisiert und eine Anti-Pestizid-Initiative ins Leben gerufen. Ich sammle bundesweit Zeugnisse von Giftbetroffenen. Aber es ist schwer, die Leute zum Reden zu bringen. Aus Angst vor sozialen Konsequenzen und gegen ihre eigenen Interessen bleiben die meisten stumm – so wie die sterbende Natur auch.

Die eigentlichen Täter in den Chemiekonzernen können weiterhin ungestraft schalten und walten, wissend, dass ihnen bisher niemand etwas nachweisen kann, wenn ihre Opfer sterben.

›Krebs‹ ist gleichzeitig eine Metapher für eine wuchernd wachsende Wirtschaftsweise, für eine außer Kontrolle geratene Agroproduktion, die die Natur bekriegt und am Ende nur Verlierer hinterlässt: Menschen, Tiere, Pflanzen, Böden.

»Man hat eine Gemeinschaft von Lebewesen mit einem Hagel von Chemikalien überschüttet, sie mit einer Waffe bekämpft, die so primitiv ist wie die Keule eines Höhlenmenschen«, schrieb Rachel Carson am Ende ihres Buchs. Und weiter: »Die ›Herrschaft über die Natur‹ ist ein Schlagwort, das man in anmaßendem Hochmut geprägt hat. Es stammt aus der ›Neandertal-Zeit‹ der Biologie und Philosophie ... Es ist ein beängstigendes Unglück für uns, dass sich eine so primitive Wissenschaft für ihren Kampf gegen die Insekten mit den modernsten und fürchterlichsten Waffen ausgerüstet und damit die ganze Welt gefährdet hat.«[24]

Auch diese Sätze stimmen immer noch. Die Kriegsmetapher ist dabei wörtlich zu nehmen, wie ich in den Kapiteln über ›Lobbys‹ und ihre ›Lügen‹ ausführen werde.

Das letzte Kapitel aber ist den ›Lösungen‹ gewidmet: Fast schon ist in Vergessenheit geraten, dass die Ernährung der Menschheit bis Mitte des 19. Jahrhunderts, als der Chemiker Justus von Liebig einen wasserlöslichen Phosphatdünger entwickelte, ausschließlich auf chemiefreiem Biolandbau beruhte. Das wäre heute auch wieder möglich.

Ein Anhang schließlich enthält Anregungen, Literaturtipps und nützliche Websites.

Lobbys

»Ein Sträußchen in Ähren. Das reifende Getreide lädt zum Schmücken ein. Geflochten und zu Sträußchen gebunden, sorgt es für Aufmerksamkeit auf Tisch und Geschenk«, verkündet eine typische Story der Zeitschrift »Landlust« im Juli 2014. Zahlreiche Fotos mit Sträußlein und Blümchen, lachenden Kindern und leckeren Kürbissuppen illustrieren das idyllische Landleben. Jede Ausgabe der »Landlust« findet inzwischen mehr Kaufende – vor allem weiblichen Geschlechts – als der »Spiegel«. Die Sehnsucht nach einem intakten Familienleben in einem Bauernhaus inmitten von Blumenwiesen, Schafen und Hühnern scheint riesig zu sein. Friede, Friede!

Ähren ohne Sträußchen. Der reifende Weizen lädt zum Giftspritzen ein, zur sogenannten Vorerntetrocknung (Sikkation). Über ein Monokulturfeld, das sich in der ausgeräumten Landschaft Mecklenburg-Vorpommerns bis zum Horizont ausdehnt, rasselt der Traktor. Der Angestellte des Agrogroßbetriebs spritzt

Roundup, ein glyphosathaltiges Herbizid, das Beikräuter abtötet und die Getreidekörner auf einen gleichmäßigen Reife- und Trocknungsstand bringt. Dass der Wirkstoff Glyphosat damit ins tägliche Brot der Bevölkerung und ihrer Kinder gerät, interessiert weder die Redaktion der »Landlust« noch die Chemiekonzerne.

Außer dem maschinellen Getöse des schweren Treckers sind keine Geräusche zu hören. Feldlerchen oder Hasen gibt es hier schon lange nicht mehr. Es handelt sich um eine maximierte Produktionslandschaft, in der Langohren keine Betretungs- und tirilierende Wesen keine Überflugbefugnis besitzen. Tiere sind nicht zu sehen, auch keine Menschen und keine anderen Pflanzen außer einigen schüchternen Wildkräutern auf dem Feldweg. Einsamkeit und Einfalt dehnen sich aus. Der Tod einer Landschaft: tote Zonen, Todeszonen. Das einige Kilometer entfernte Dorf ist verödet, die letzte Kneipe hat nach dem letzten Tante-Emma-Konsum geschlossen. In der Ruine einer früheren Scheune am Dorfrand, in der die Fenster zerstört sind, feierten vor kurzem Nazis: »Macht die Zecken platt!«, »Krieg!« Es herrscht ein stummer Krieg auf dem Land – gegen die Landschaft, die Natur, gegen Andersdenkende.

Solche Schädlingsbekämpfungszonen bieten keine Stützpunkte mehr für Lebendigkeit, Kreativität, gute Arbeit und gutes Leben. Supertrecker, Hochleistungsmähdrescher und schwere Ackergeräte sowie das schnelle Geld haben die Herrschaft übernommen. Die riesigen Agrobetriebe – ehemalige LPGs aus DDR-Zeiten, die nach der Wende privatisiert und durch alte DDR-Seilschaften oder westliche Investoren erworben wurden –[25] haben pro hundert Hektar nur noch einen einzigen Arbeitsplatz zu bieten; in Nordrhein-Westfalen sind es auf der gleichen Fläche fast neun.[26] In dieser Perspektivlosigkeit der leeren Landschaften finden Menschen keine guten Jobs. Im trostlosen Vakuum machen sich Neonazis breit und wollen die Zeiten wiederherstellen, in denen sie als ›Herrenmenschen‹ den Ton angeben konnten. In grotesker Verdrehung der biologischen Umstände wittern sie überall und an jedem Ort ›Schädlinge‹ und ›linke Zecken‹.

Pestizide als Kind des Kriegs

Schon Rachel Carson sprach vom Krieg gegen die Natur, einem »chemischen Krieg«, und wies darauf hin, dass die Pestizidindustrie »ein Kind des Zweiten Weltkriegs« sei.[27] Ja, Pestizide sind ein Kind der Weltkriege.

Die Chemieindustrie entwuchs der zweiten Hälfte des 19. Jahrhunderts, als Forscher entdeckten, dass aus Steinkohlenteer synthetische Farbstoffe gewonnen, also quasi alchemistisch aus Dreck und Abfallstoffen Gold gemacht werden konnte. Die ersten Farbstoffe entstanden aus Anilin, was sich im Namen eines späteren Konzerns niederschlug: BASF hieß ausgeschrieben ›Badische Anilin- und Sodafabrik‹. Fabriken wurden an Flüssen gebaut, so dass man alle giftigen Reststoffe billig entsorgen konnte. Sie produzierten bald auch synthetische Arzneimittel sowie anorganische Grundchemikalien wie Schwefelsäure, Chlor und Soda.

Die Chemiker seien von »Allmachtsgefühlen« getrieben gewesen, von »messianischem Eifer und bedingungslosem Fortschrittsglauben«, der ihnen den Aufbau von Weltkonzernen ermöglichte, schreibt der Solarchemiker Hermann Fischer.[28] Zu diesem ›Fortschrittsglauben‹ gehört lineares Denken, das unfähig ist, vernetzte Zusammenhänge zu begreifen und das sich in natürlichen Kreisläufen entwickelnde Leben zu achten. Verwüstungen des Denkens produzierten bald auch Verwüstungen auf dem Schlacht- und Ackerfeld.

»Chemieindustrie war Imperialismus in Reinkultur«, erklärt Fischer, Begründer der Biofarbenfirma Auro. Aus den extrem billigen Rohstoffen Steinkohlenteer und später Erdöl »stiegen die Chemieunternehmen um die Wende zum 20. Jahrhundert zu einer geradezu sagenhaften wirtschaftlichen und schließlich auch politischen Macht auf«.[29] Dies auch deshalb, weil ihre Produkte direkt und indirekt den Krieg beförderten und vom Krieg genährt wurden. Die Sprengstoffgewinnung vor und im Ersten Weltkrieg bildete die Grundlage für die spätere Kunstdüngerindustrie, und aus der zeitgleichen Giftgasproduktion wurden später Pestizidfabriken.

1910 meldeten Fritz Haber und Carl Bosch das nach ihnen benannte Haber-Bosch-Verfahren zum Patent an. Es ermöglichte die Gewinnung von Salpeter für die Herstellung von Schwarzpulver aus den beliebig verfügbaren Grundstoffen Luft, Kohle und Wasser. Dasselbe Verfahren diente später zur Massenproduktion von Ammoniak für Kunstdünger. Professor Haber, Berater im Kriegsministerium, schlug dem Deutschen Reich darüber hinaus die Produktion der Giftgase Chlor und Phosgen als Massenvernichtungsmittel vor und verherrlichte sie als »eine technisch höhere Form des Tötens«.[30]

Habers Labor wurde die Kriegsfront: Im Ersten Weltkrieg überwachte er persönlich den Einsatz des Chlorgases an der Westfront bei Ypern. Am 22. April 1915 habe man den »vorher unüberwindlichen Widerstand« des Feinds mit 160 Tonnen Chlorgas »im Augenblick zunichte« gemacht, schrieb er. Rund 5000 Menschen starben bei diesem historisch ersten Einsatz von Massenvernichtungsmitteln. Insgesamt wurden in diesem Krieg rund 1,3 Millionen Menschen durch Gas vergiftet und gut 90 000 getötet; wie viele Langzeitschäden davontrugen, ist nicht bekannt. Dass »die Verwendung von Gift und giftigen Waffen« nach der Haager Kriegskonvention von 1907 verboten war, störte weder ihn noch die Chemiefabrikanten.[31] Später schrieb er voller männlich-militaristischer Hoffart im Rückblick auf sein Leben: »Ich war mehr als ein großer Heerführer, mehr als ein Industriekapitän. Meine Arbeit war wesentlich für die wirtschaftliche und militärische Expansion Deutschlands. Alle Türen standen mir offen.«

Habers Gattin Clara Immerwahr, erste Frau an der Breslauer Universität mit einem Doktortitel in Chemie, versuchte ihren Mann verzweifelt von seinem Tun abzuhalten. Seine Arbeit an chemischen Waffen sah sie als »eine Perversion der Wissenschaft und ein Zeichen der Barbarei«.[32] Nachdem ihr Mann nach Ypern gefahren war, um die Waffen zu erproben, erschoss sie sich.

1915 pries der Chef der Farbenfabrik Bayer, Carl Duisberg, der Obersten Heeresleitung das Lungengift Phosgen als weiteres Mittel an und empfahl, »stundenlang den Gegner mit diesem giftigsten aller gasförmigen Produkte zu behandeln«. Im selben Jahr wurde Phosgen zum ersten Mal eingesetzt und erzeugte »zu viele Tote, um sie alle zu begraben«.[33]

Ende 1916 begann Haber mit Unterstützung der Chemieindustrie im Berliner Kaiser-Wilhelm-Institut, später umbenannt in Max-Planck-Institut, Senfgas, auch ›Lost‹, ›Yperit‹ oder ›Gelbkreuzgas‹ genannt, zu erzeugen; es verbrennt und verätzt die Haut. Faktisch waren die chemischen Kampfstoffe ohne strategische Bedeutung, dennoch wurden sie ausprobiert – ein Massentest am lebendigen ›Menschenmaterial‹. Noch heute lagern rund um die belgische Kleinstadt Ypern und auf dem Grund der Ostsee deutsche Giftgasgranaten.[34]

Fritz Haber erhielt 1919 den Nobelpreis für seine Arbeiten zur Ammoniaksynthese. Wenig später schlug er vor, nunmehr ein Institut zur Weiterentwicklung chemischer Waffen zu gründen: »Indem wir die Erfahrungen, die wir im Krieg gesammelt haben, im Frieden gegen die Schädlinge unseres Feldbaus zur Anwendung bringen, machen wir aus Mitteln zur Vernichtung Quellen neuen Wohlstands.«[35] Unter Verstoß gegen die Abrüstungsbestimmungen im Versailler Vertrag, und deshalb unter hoher Geheimhaltung, trieb die Heeresleitung die Entwicklung von C-Waffen in den Labors der deutschen Chemieindustrie weiter voran.

1925 entstand aus einer Gruppe chemischer Firmen der Zusammenschluss der IG-Farben-Industrie AG. Mit einem Aktienkapital von über 1,1 Milliarden Reichsmark war sie damals der größte Konzern, der jemals in Deutschland gebildet wurde, ein »monopolistischer Superkonzern«.[36] Mehrfach stiegen Vorstandsmitglieder der IG-Farben in der Weimarer Republik zu Ministern oder Regierungsberatern auf. Später, als die Regierung nazibraun wurde, wechselten auch viele leitenden Manager der IG-Farben umstandslos die Farbe: Unter Hitler wurden sie Mitglied der NSDAP oder auch der SS.[37]

Der Bayer-Chemiker Gerhard Schrader entwickelte ab 1937 die Phosphorverbindungen Tabun und Sarin; die Nervengifte wirken selbst in winzigen Mengen tödlich. »Sehr bald erkannte die deutsche Regierung den Wert dieser chemischen Stoffe als neue und verheerende Waffen im Krieg des Menschen gegen seine eigenen Artgenossen«, schrieb Rachel Carson über dieses dunkle Kapitel. »Einige wurden zu tödlichen, auf die Nerven wirkenden Gasen. Andere, von nahe verwandter Struktur, wurden zu Insektiziden.«[38] Nach 1945 wurde Schrader nicht etwa verurteilt, sondern zum Direktor des ›wissenschaftlichen

Laboratoriums für Pflanzenschutz‹ von Bayer Leverkusen befördert.

Dass mit ›Schädlingen‹ auch menschliche ›Schädlinge‹ gemeint waren, demonstrierten die Nazis in Auschwitz. Die IG-Farben beutete KZ-Gefangene als Arbeitssklaven aus; gleichzeitig wurden dort ›Volksschädlinge‹ und ›Parasiten‹ mit dem Insektizid Zyklon B vergast, das die zum IG-Farben-Konzern gehörende Deutsche Gesellschaft für Schädlingsbekämpfung (Degesch) hergestellt hatte. Degesch-Geschäftsführer Gerhard Peters wurde nach dem Krieg zu fünf Jahren Gefängnis verurteilt, die er nicht abzusitzen brauchte. Fritz ter Meer, Vorstandsmitglied der IG-Farben, der Auschwitz zweimal persönlich besucht hatte, erhielt sieben Jahre Gefängnis und wurde danach Aufsichtsratsvorsitzender der Bayer AG, die aus der Auflösung der IG-Farben hervorgegangen war.[39]

»In Wahrheit ist die westliche Landwirtschaft eine Landwirtschaft des Kriegs«, kommentiert Dominique Guillet, Gründer des Vereins ›Kokopelli‹, im Film »Good Food, Bad Food«. Im Ersten Weltkrieg seien das französische und deutsche Bauerntum an der Front abgeschlachtet worden, der Zweite Weltkrieg habe dieses Werk vollendet, sagt er. Die synthetische Gewinnung von Ammoniak habe die Produktion von Bomben und Kunstdünger ermöglicht, aus Kampfgasen seien Insektenvernichtungsmittel hervorgegangen, aus Panzern Traktoren.

Der *dual use*, also die ›friedliche‹ und militärische Nutzung dieser Produkte, zieht sich auch durch die neuere Geschichte der Pestizide wie ein roter Faden. Das von Bayer-Chemiker Schrader entwickelte Insektizid-Präparat E 605, auch ›Folidol‹ genannt, mit dem Wirkstoff Parathion-Ethyl hat fast dieselbe chemische Struktur wie das Kampfgas VX. Bayer hat nach Darstellung des damaligen rheinland-pfälzischen DGB-Landesvorsitzenden Julius Lehlbach dessen Formel 1957 in Deutschland und 1961 in den USA als Patent angemeldet. Folge: Dieselbe Substanz tauchte später als Kampfstoff und Nervengas in US-Dokumenten auf.[40]

Im Vietnamkrieg wurden von 1965 bis 1971 fast die Hälfte aller Flächen des asiatischen Landes durch das Entlaubungsmittel ›Agent Orange‹ zerstört, das eine Mischung der Pflanzenvernichtungsmittel 2,4,5-T und 2,4-D darstellt und von Monsanto und weiteren Firmen hergestellt wurde; beide enthalten als produktionsbedingte Verunreinigung das Supergift Dioxin. Gegen den ›kommunistischen Feind‹ in seinen Urwaldverstecken setzte das US-Militär rund 80 Millionen Liter ›Unkrautbekämpfungsmittel‹ ein, davon 44 Millionen Liter Agent Orange.[41] Hunderttausende erkrankten, bekamen schwere Haut- und Nervenschäden, Fehl- und Totgeburten. Säuglinge wurden ohne Augen oder Nase geboren, mit verformten Köpfen oder anderen bizarren Missbildungen. Laut Rotem Kreuz litten auch noch 2002 etwa eine Million Vietnamesen an den Spätfolgen, darunter etwa 100 000 Kinder mit angeborenen Fehlbildungen. Auch rund 200 000 US-Soldaten waren betroffen; bei ihnen häuften sich Fälle von Leberkrebs und missgebildeten Kindern.[42] Nach langem Kampf erhielten sie Entschädigungen, im Gegensatz zu den vietnamesischen Überlebenden. Ein US-Gericht wies deren Sammelklage 2005 ab, weil der Einsatz von Agent Orange »keine chemische Kriegsführung« gewesen sei.

1984 kam es in der indischen Großstadt Bhopal zur Freisetzung von Giftgasen durch einen Unfall in der Pestizidfabrik des US-Chemiekonzerns Union Carbide. Mindestens eine Viertelmillion Menschen wurden krank, rund 60 000 trugen so schwere Schäden davor, dass sie wohl nie mehr gesunden werden, zwischen 2500 und 15 000 starben. Schwangeren wurde zur

Abtreibung geraten, Fehlgeburten und Missbildungen häuften sich.[43] Zynischerweise nutzte ein regelrechtes Heer von C-Waffenexperten aus den USA, der BRD, Großbritannien und Kanada die ›einmalige‹ Gelegenheit, die Wirkung von Giftgas auf den menschlichen Körper in allen Einzelheiten zu studieren.[44]

C-Waffen, die wahrscheinlich aus einer Anlage zur Pestizidherstellung stammten, wurden 1984 vom Irak im Krieg gegen den Iran eingesetzt; die Fabrik hatte eine mittelständische Frankfurter Firma nach Bagdad geliefert.[45] 1991 exportierten deutsche Chemiefirmen eine als ›Pflanzenschutzfabrik‹ getarnte Giftgasanlage für das Regime des libyschen Diktators Gaddafi nach Rabta.[46] Es ist zu vermuten, dass wir von vielen anderen Beispielen nur keine Kenntnis haben.

Ende 1986 brannte eine Lagerhalle des Baseler Chemiekonzern Sandoz ab, zahlreiche Giftfässer explodierten. Das Supergift Dioxin wurde freigesetzt, floss mit dem Löschwasser in den Rhein und produzierte das größte Fischsterben in dessen Geschichte. Auf einer Strecke von 330 Kilometern war der Fluss biologisch tot. Experten rechneten damals aus, dass in der Halle genügend Gift eingelagert worden war, um ganz Europa auszulöschen.[47]

Die Dioxinverseuchung 1976 in Seveso sowie die Katastrophen 1984 in Bhopal und 1986 in Basel machten die Großrisiken der Chemieindustrie zumindest kurzzeitig zum öffentlichen Thema. Als 1979 nach einer Explosion im Bayerwerk Dormagen 200 Kilogramm des Insektizids ›Gusathion‹ freigesetzt wurden, bildete sich eine Bürgerinitiative, die sich später internationalisierte und in ›Coordination gegen Bayer-Gefahren‹ umbenannte. Bis heute warnt dieses Selbsthilfenetzwerk vor Risiken durch Pestizide und andere chemische Giftstoffe und lässt die Geschäfte der Bayer AG durch ›kritische Aktionäre‹ beobachten.

1982 wurde das ›Pestizid Aktions-Netzwerk‹ (PAN) gegründet, in dem über 600 Nichtregierungsorganisationen, Institutionen und Personen in mehr als 60 Ländern zusammenarbeiten, um über negative Effekte von Ackergiften zu berichten und biologische Alternativen zu befördern. Der deutsche Zweig, ›PAN Germany‹, existiert seit 1984, betreibt eine informative Website und sammelt Berichte von Pestizid-Betroffenen und Abdrift-Geschädigten; ein entsprechender Meldebogen ist dort herunterladbar (siehe Anhang ›Meldebogen‹). ›PAN Europe‹ bildete sich 1987 und versucht, in Brüssel die europäische Gesetzgebung zu beeinflussen; unter anderem hat es dazu beigetragen, dass dort das Vorsorgeprinzip verankert wurde und bei der Zulassung von Pestiziden und Bioziden Alternativen geprüft werden müssen – zumindest im Prinzip.

Doch diese kritischen Organisationen sind Ausnahmen. Insgesamt gesehen, erstaunt es, wie ungeschoren die Chemieindustrie bis heute davongekommen ist. Warum lassen wir uns das alles gefallen? Wieso gibt es gegen ihre Gifte keinen Aufstand wie gegen Atomenergie? Die Struktur des Konflikts ist fast dieselbe: eine unsichtbare, krankmachende oder gar tödliche Gefahr, die Konzerne der Bevölkerung aufzwingen, obwohl es risikoarme Alternativen gibt; Behörden, die fest die Augen verschließen; Manipulationen der Öffentlichkeit und Einschüchterung kritischer Wissenschaftler; und schließlich die Privatisierung der Gewinne und die Sozialisierung des Risikos: Wer Krebs entwickelt, stirbt einsam und allein, und wer überlebt, ist zumeist sehr geschwächt und kann nicht kämpfen.

Womöglich liegt die mangelnde Sensibilisierung auch daran, dass die Chemie in unserem Alltag präsenter als die Atomenergie ist. Wohin wir auch schauen, erblicken wir ihre Produkte in Form von Verpackungen, Plastikflaschen, Kosmetika, Deosprays, Farben, Lacken und vielem anderem mehr. Die Chemieindustrie umgibt sich mit dem Nimbus der Unverzichtbarkeit.

Hinzu kommt die geschickte PR-Propaganda der Agrokonzerne, die glauben macht, die Weltbevölkerung sei ohne Dünger und Pestizide nicht zu ernähren – was nicht stimmt, wie im letzten Kapitel gezeigt wird. Richtig ist daran nur, dass die Nichteinrechnung ökosozialer Schäden Nahrung in Industrieländern stark verbilligt hat: 2011 gaben deutsche Haushalte nicht mal zehn Prozent ihres Einkommens für Lebensmittel aus – in armen Ländern des Südens sind es rund achtzig Prozent.[48]

Ein weiterer Grund ist sicherlich auch der ›Bequemismus‹. Wirtschaft und Politik fördern ein mechanistisch-konsumistisches Weltbild, das Menschen glauben macht, man müsse nur den richtigen Knopf drücken oder das ›richtige‹ Mittel kaufen, um ein Problem ein für alle Mal zu erledigen.

Und niemand möge behaupten, wir in Westeuropa hätten nach dem Ende des Zweiten Weltkriegs das Kriegsdenken völlig überwunden. Auch in unserem Sprachgebrauch wimmelt es immer noch von ›Schützengräben‹, ›Querschüssen‹, ›Schlachtfeldern‹, ›Kanonenschlägen‹ und ›Angriffszielen‹. Die immer noch latent vorhandene Kriegslogik besagt, man könne den Feind vernichten, indem man so martialisch wie möglich gegen ihn vorgehe – was noch in keinem Krieg gestimmt hat und erst recht nicht in der Natur. Doch Menschen, die in Feindbildern, Abgrenzung und Abschottung denken, verfallen schnell dieser patriarchalisch-militaristischen Logik.

Allgegenwärtige Gifte

Wie teuer wir uns diese Billigprodukte letztlich erkaufen, zeigt uns das von Rachel Carson so vehement angeprangerte DDT.

Zwar wurde es in den USA und Deutschland 1972 verboten, doch verschwand es damit nicht. Das Gift bleibt bis zu 30 Jahre lang persistent im Boden und reichert sich in der Nahrungskette weiter an. In den 1980er Jahren und danach wurden alarmierende Werte von DDT und anderen Pestiziden wie Dieldrin in der Muttermilch gefunden, die damit höhere Belastungswerte aufwies als die meisten anderen Lebensmittel.[49]

Ackergifte sind allgegenwärtig, etwa auf den Blumen und Zierpflanzen aus Gartencentern, Bau- und Supermärkten. Im Jahr 2014 ließ Greenpeace 86 Proben in zehn europäischen Ländern ziehen. Ergebnis: 98 Prozent der Blumen wiesen Pestizidrückstände auf, 79 Prozent der gefundenen Pflanzengifte waren bienengefährlich. Ungewollt servieren Hobbygärtner Bienen und Insekten Giftcocktails.[50]

Bei Untersuchungen zeigt sich immer wieder, dass ungefähr die Hälfte aller Proben von ›konventionell‹ erzeugtem Obst und Gemüse pestizidbelastet ist; darunter befinden sich auch illegale Supergifte.[51] Besonders problematisch: Mehrfachrückstände sind fast schon der Normalfall, wie Greenpeace 2005 bei Tests in deutschen, österreichischen und schweizerischen Supermarktketten herausfand. Vor allem Tafeltrauben, Pfirsiche und Paprika waren belastet. Im Schnitt fanden sich 3,5 Pestizide in jeder Probe. »Niemand kann bisher abschätzen, wie diese Stoffgemische genau wirken, die Kombinationsmöglichkeiten sind unendlich und das Unwissen dementsprechend hoch«, heißt es in der Studie.[52] Und ein langjähriges Überwachungsprogramm aus Baden-Württemberg kam zum Schluss: Konventionelle Lebensmittel sind im Durchschnitt 180-fach stärker mit Pestiziden belastet als Bioware.[53]

Allerdings: Wer als Verbraucher erfahren will, wie die durchschnittliche Belastung von Lebensmitteln in verschiedenen

Jahren und Bundesländern aussieht, klickt sich tot. Nirgendwo sind Daten übersichtlich und schnell zu finden. Absicht? Auch deshalb erteilte Pestizidexperte Lars Neumeister in besagter Greenpeace-Studie den Kontrollbehörden die Durchschnittsnote ›mangelhaft‹ und urteilte: »In manchen Bundesländern existiert das Thema ›Pestizide im Essen‹ gar nicht.«[54]

Auch der Wind trägt zur weiten Verbreitung der Pflanzengifte bei. Zwar heißt es in vielen Bedienungsanleitungen, man solle ab Windstärke 3 nicht mehr sprühen, doch in der Praxis halten sich viele Spritzer und Lohnarbeiter nicht daran, weil »doch die Arbeit getan werden muss«. Verwehungen, die sogenannte Abdrift, sind die Folge – immer wieder auch auf Feldern von Ökolandwirten.

34 Ziegen starben schreiend wie kleine Kinder: Landwirt Michael Rubin vom ›Ziegenhof Zollbrücke‹ in der brandenburgischen Region Oderbruch berichtet

Es war Ende Juli im Jahr 2011. Mein Nachbar war dabei, auf seinem Feld den Raps für die Ernte totzuspritzen (Sikkation), wodurch ein starker, giftig riechender Nebel entstand. Ich bekam gerade aus Neulewin Weizenschrot geliefert, und während das Futter in meinen Behälter gepumpt wurde, guckten der Fahrer und ich zu. Meine Ziegen waren draußen und dem Sprühnebel ausgesetzt. Die Altziegen sind zumeist im Stall geblieben, vielleicht, weil die das Gift schon gerochen haben, aber die ›Jugendlichen‹, wie ich sie nenne, die etwa ein halbes Jahr bis zwei Jahre alt waren, standen im Sprühnebel. Sie haben das Zeug eingeatmet und weitergefressen. In den kommenden zwei, drei Wochen sind sie nacheinander qualvoll verendet, insgesamt 34 Tiere.

Für mich als Ziegenhalter war das furchtbar, denn sie haben geschrien wie kleine Kinder. Man steht völlig hilflos daneben und kann einfach überhaupt nichts machen. Als ich merkte, wie die Tiere starben, habe ich eines ins Landeslabor nach Frankfurt/Oder-Markendorf zur Untersuchung gebracht. Dort teilte man mir mit, dass die Tiere Lungen- und Leberschäden sowie Herzmuskelschwäche hätten, als Folge einer Vergiftung. Daraufhin rief ich den Kreisbauernverband an, in welchem ich immer schon Mitglied bin, und bat um Unterstützung. Der half mir aber auch nicht. Mein Nachbar, bei dem ich sofort um Schadensersatz ersucht hatte, lehnte jede Verantwortung ab, weil seine Versicherung keinen Schaden anerkennen wollte.

Dabei geht es allein beim Verlust der Tiere um etwa 4100 Euro, aber wenn man die Verluste durch fehlende Nachkommen oder Milch einrechnet, sind es eher zigtausend Euro. Weil seine Versicherung nicht zahlen wollte, stritt mein Nachbar alles ab. Er habe gar nicht gespritzt, er würde überhaupt nie spritzen.

Ich wollte wissen, was bei den Proben herausgekommen war und an welchem Gift meine Tiere nun genau gestorben sind, auch weil mir keiner was zahlen wollte. Deswegen wandte ich mich etwa drei Wochen nach dem Vorfall an das Labor in Markendorf. Es teilte mir mit, dass man die Proben inzwischen vernichtet hätte, man habe in ganz Deutschland kein Labor gefunden, das solche Untersuchungen vornehmen kann. Und nun, nach drei Wochen, sei nichts mehr zu machen. Was das für ein Gift gewesen sei, wisse man nicht. Aber bei dem Bienenhonig, da können sie ganz genau analysieren, dass da schon vier Prozent Genmaispollen drin sind ...!

Vom Imker Jesse erfuhr ich übrigens, ich hätte mich sofort an das Amt für Pflanzenschutz wenden sollen, da müssten ja auch die Spritzprotokolle einsehbar sein. Das hätte der Bauernverband mir auch gleich sagen können. Das Gemeine ist: Die haben mich total hängen lassen, alle.

Auch der Anwalt, zu dem ich ging, winkte ab, weil es sich seiner Meinung nach nicht lohnen würde, zu klagen. Ich hatte dann keine Jungziegen mehr und bekam von nirgendwoher Geld, sogar den Tierarzt, das Labor und die Kadaverbeseitigung musste ich bezahlen. Am besten, man klebt ein Pflaster drauf. Helfen tut einem sowieso niemand.[55]

Durch das Sprühen gelangen die wenigsten Ackergifte auf ihre ›Zielorganismen‹, nach Schätzung von Experten verdunsten 20 bis 80 Prozent. Zu noch höheren Schätzungen gelangt die französische Biologin Julie Marc in ihrer Doktorarbeit: Jährlich würden 2,5 Millionen Tonnen Ackergifte auf den globalen Anbauflächen versprüht, aber nur 0,3 Prozent davon würden mit ihren ›Zielorganismen‹ in Kontakt kommen und 99,7 Prozent anderswohin gelangen.[56]

Dass Ackergifte auch Europas Gewässer verseuchen, zeigt eine 2014 veröffentlichte Studie des Helmholtz-Zentrums für Umweltforschung in Leipzig. Die Forscher werteten Daten von über 4000 Messstellen und 223 Chemikalien aus und kamen zum Ergebnis, dass mit akuten Problemen in 14 Prozent aller getesteten europäischen Gewässer zu rechnen ist. Zur chronischen Vergiftung von Organismen aufgrund von Chemikalienbelastung kommt es in der Hälfte aller Fließgewässer. Die meisten Flüsse erfüllen die europäische Wasserrahmenrichtlinie nicht. Hauptverursacher sind dabei die Agroindustrie und städtische Kläranlagen.[57]

Auf diesem und anderen Wegen gelangen Ackergifte dann auch ins Grund- und Trinkwasser. Die Stiftung Warentest hat beispielsweise im Juli 2014 in einem Drittel aller getesteten Medium-Mineralwässer Süßstoffe und Abbauprodukte von Pestiziden nachgewiesen. Nur sechs von 30 solcher Mineralwässer konnten die Verbraucherschützer zum Trinken uneingeschränkt empfehlen.[58]

Aufgrund von Beistoffen und Netzmitteln, die für ein besseres Eindringen der Ackergifte in die Pflanzen sorgen, können Pestizide mindestens tausendmal giftiger sein, als von den Herstellern angegeben, warnt eine französische Studie. Das betrifft vor allem gängige glyphosathaltige Mittel wie Roundup, aber auch andere Herbizide, Insektizide und Fungizide. Dass Beistoffe nicht auf ihre toxische Wirkung hin geprüft würden und die Zulassungsbehörden keine Kenntnis von ihrer Gefährlichkeit hätten, sei »wissenschaftlich ein Fehler«. »Und zwar ein Fehler, der die öffentliche Gesundheit gefährdet«, so der Hauptautor der Studie, Gilles-Eric Séralini von der Universität Caen.[59]

Auch der Boden wird systematisch vergessen, dabei hat er das längste Gedächtnis. Hier spielt zudem Kunstdünger, das zweite Kind des Kriegs, eine fatale Rolle: Mit dem Haber-Bosch-Verfahren gelangen zusätzlich jährlich 105 Millionen Tonnen Stickstoff erst in den Boden und dann in den globalen Kreislauf. Inzwischen entstammt rund 40 Prozent des Stickstoffs in jeder unserer Körperzellen dieser künstlichen Produktion.[60] Das Nitrat aus überdüngten Feldern landet in Flüssen und Meeren, wo es zunehmend für giftige Algen und tote Zonen sorgt. In den letzten zehn Jahren vergrößerten sich die toten Zonen in der Ostsee von 5000 auf 60 000 Quadratkilometer.[61] Mindestens zehn Millionen Europäer trinken nitratbelastetes Wasser.

Millionen Vergiftungen jährlich

Wieviele Tote sowie akut und chronisch kranke Menschen der weltweite Pestizideinsatz hinterlässt, darüber gibt es weder belastbare Zahlen noch eine verlässliche Falldokumentation. Das

Pestizid Aktions-Netzwerk PAN International geht von jährlich Hunderttausenden Toten und vielen Millionen schweren Vergiftungsfällen aus – schätzungsweise 41 Millionen, davon bis zu 99 Prozent in armen Ländern. Das entspricht etwa einem Drittel aller Farmarbeiter weltweit. Die Landwirtschaft, so stellt auch der »Weltagrarbericht« fest, ist der größte Wirtschaftszweig der Welt, gehört neben Bergbau und Baugewerben aber zu den drei gefährlichsten Berufsgruppen.[62] 41 Millionen Erkrankte und Hunderttausende Tote – wie schnell überlesen wir so eine Zahl und machen uns ihre Dimension nicht klar. Ein himmelschreiender Skandal – aber ein stummer, denn die Betroffenen können ihre Stimmen nicht oder nur schwer erheben.

Besonders gefährdet sind Kinder – schätzungsweise 150 Millionen arbeiten weltweit auf Feldern – sowie Embryonen im Mutterleib.[63] 1999 starben im peruanischen Andendorf Tauccamarca 24 Kinder an dem Bayer-Gift Folidol, das Milchpulver ähnelt und ohne Warninformationen an Kleinbauern verkauft wurde.[64] Viele Farmarbeiter oder Bäuerinnen in südlichen Ländern können die Anleitungen nicht lesen, werden nicht geschult oder geschützt.[65] Zudem boten Bayer, Syngenta und BASF laut einer Recherche von PAN Germany etwa im Jahr 2011 hochgefährliche und hierzulande oft verbotene Pestizidwirkstoffe über ihre Websites in solchen Staaten zum Einsatz an. Bei Bayer waren es 64, bei Syngenta 56 und bei BASF 55 solcher Stoffe, die entweder krebserregend oder akut toxisch sind oder aber ins Hormonsystem oder in die Gehirnentwicklung von Kindern eingreifen.[66] Die Gesellschaft für internationale Zusammenarbeit (GIZ) schätzte 2009 in einer Studie die Zahl der schweren Vergiftungsfälle in ganz Afrika auf 11 Millionen pro Jahr, in Mittelamerika mit seinen vielen Kaffee- und Bananenplantagen auf 400 000, in Indien auf 1,5 Millionen.[67]

Die Zahlen in Indien lassen sich auch durch die hohe Suizidrate indischer Bauern erklären, die gentechnisch veränderte Baumwolle anpflanzen. Das Monsanto-Saatgut ist etwa viermal so teuer wie herkömmliches und muss jedes Jahr neu gekauft werden, bringt aber keineswegs zuverlässig höhere Erträge ein. Oft ist sogar das Gegenteil der Fall: Monsantos Saat geht ohne teure Bewässerungssysteme nicht auf, resistent gewordene Baumwollkapselwürmer befallen die Ernte. Gleichzeitig musste Indien auf Druck der Welthandelsorganisation WTO den Import von Baumwolle zulassen, was zu deren stetem Preisverfall führte. So gerieten unzählige Familien in eine Schuldenfalle. Schätzungsweise 200 000 Bauern brachten sich seit 1997 um, vor allem in der ›Monsantoregion‹ Vidarbha. Viele schämten sich dafür, ihre traditionelle Männerrolle – die Ernährung der Familie – nicht ausfüllen zu können, und tranken das Gift. »Die Selbstmorde sind nur die Spitze des Eisbergs«, sagt Vijay Jawandhia, einer der bekanntesten indischen Bauernführer. Das ganze System sei in der Krise, und »die Bauern, die noch leben, leben nur, weil sie nicht sterben«. Dabei gibt es biologische Alternativen wie Tinkturen aus dem einheimischen Niembaum, sie sind bloß teurer als die subventionierten Chemikalien.[68]

In Deutschland trug die GIZ knapp 3000 Vergiftungsfälle zusammen – im großen Unterschied zum zuständigen Bundesamt für Risikobewertung (BfR), dem im selben Zeitrahmen nur 75 Erkrankte über die Berufsgenossenschaften gemeldet worden waren.[69] Das zeigt die hohe Dunkelziffer selbst in einem reichen und überbürokratisierten Land wie der Bundesrepublik.

Symptome akuter Vergiftung sind unter anderem Kopfweh, Schwächegefühl, Hautausschläge, Kreislaufprobleme, Erbrechen, Zittern, Konzentrationsprobleme, Panikattacken oder sogar Koma und Tod. Chronische Vergiftungen sind hingegen aufgrund ihrer unspezifischen Symptome nur schwer zu diagnostizieren. Zu den langfristigen Folgen können Störungen im Nerven- und Hormonsystem gehören sowie Depressionen, Alzheimer, Parkinson, Fehl- und Frühgeburten, Geburtsschäden, Immunschwäche, Brust-, Prostata-, Leber- und Hirntumoren.[70]

Ein Kind mit Atemnot und roten Flecken: Die junge Mutter Undine Spillner von der Mecklenburgischen Seenplatte erzählt

Wir wohnen in einem Dorf in Mecklenburg-Vorpommern. Mein Sohn hat zum fünften Geburtstag Kaninchen bekommen. Die Kaninchen fressen Löwenzahn, und auch er weiß, dass Löwenzahn gesund ist, denn er hat ihn schon oft für Salate gepflückt. So aß er am ersten warmen Frühlingstag, dem 17. April 2013, ein paar Hände voll Löwenzahn direkt aus dem großelterlichen Garten.

Bereits am frühen Abend jucken ihm die Augen, und in der Nacht werde ich von meinem weinenden Kind geweckt. Mein Sohn ist schwer ansprechbar, sein Gesicht ist stark geschwollen, er hustet, klagt über Halsweh und atmet schwer.

Nach der Gabe eines Antiallergikums und der Beobachtung seiner Atmung über ein paar Stunden beginnt der nächste Tag mit roten Flecken am ganzen Körper unseres Kindes.

Diese werden erst nach drei Tagen verschwunden sein. Noch Wochen später hat er ein leicht angeschwollenes Gesicht.

Zwei Ärzte können mittels eines Blutbilds Allergien gegen Löwenzahn und anderes ausschließen. Eine Pestizidvergiftung halten sie aber für wahrscheinlich, und so verbleibt eine Blutprobe zu weiteren Tests im Kühlschrank.

Auf den Feldern, die den Garten umgeben, wurden vor und während des Vorfalls Pestizide gespritzt. Es gibt allein für Weizen 514 zugelassene ›Pflanzenschutzmittel‹ – wie will man da das verursachende herausfinden? Der zuständige Pflanzenschutzdienst weiß nicht, welche davon wann und wo ausgebracht wurden. Kontrollen seien, nach Aussage dieses Amts, kaum möglich. Was Anwohner gesehen oder gerochen, welche Beschwerden sie womöglich haben, ist nicht von Interesse. Wichtig sei, was der Landwirt sage, und solange ›die gute landwirtschaftliche Praxis‹ bei der Ausbringung der Gifte eingehalten wird, sei alles in Ordnung.

Ich weiß bis heute nicht, welcher Stoff seinen Zustand ausgelöst hat und was ich tun kann, damit mein Kind nicht wieder in Atemnot gerät. Wer schützt das Grundrecht auf die Unversehrtheit meines Kindes und die Verbrauchergesundheit derer, die die Produkte aus ihrem eigenen Garten essen? Es gibt ja immer wieder solche Pestizidwolken. Nicht nur mein Kind ist betroffen, sondern viele.

Es ist schwer auszuhalten, dass jede Behörde die Verantwortung weiterreicht und behauptet, nichts machen zu können. Auch das Bundesamt für Verbraucherschutz und Lebensmittelsicherheit, das BVL, erklärte sich für nicht zuständig. Die Verantwortung ist nirgendwo greifbar. Nun suche ich Unterstützung bei der Aufklärung des Falls. Die Kosten für die dafür notwendigen Laboruntersuchungen sind keine Kassenleistung.

Das Geschäftsmodell der Konzerne

Monsanto, Bayer, BASF, Syngenta & Co. beherrschen das weltweite Geschäft der agroindustriellen Lebensmittelproduktion – vom Saatgut über Hybridpflanzen, Dünger, Pestizide bis zu Gentechnik und patentierten Lebewesen. Ihr Geschäftsmodell beruht darauf, weltweit Bauern und Gärtnerinnen von ihren

Produkten abhängig zu machen und sie zu zwingen, immer mehr davon zu kaufen. Weil alle Menschen essen müssen, ist das ein hochprofitables Geschäft.

Die chemische Aufrüstung der Äcker im Kampf gegen immer mehr ›Schädlinge‹ ist ein hervorragendes Mittel, um Millionen auf Dauer abhängig zu halten. Hybridsaatgut, das nicht selbst nachgezüchtet werden kann und deshalb immer neu gekauft werden muss, ist ein weiteres. Und gentechnisch veränderte Pflanzen sind besonders profitabel, weil den Landwirten Saatgut, Pestizide, Lizenzen und ›Technologieabgaben‹ im ›Paket‹ aufgezwungen werden können.

Obwohl laut Umfragen 87 Prozent der Deutschen Gentechnik ablehnen, nehmen die meisten indirekt Gensoja in Form von Billigfleisch zu sich. Die Futtermittel für die europäische Massentierhaltung stammen zu 87 Prozent aus Importen, vor allem aus Südamerika. Dort dehnen sich Soja-Monokulturen, davon zwei Drittel Gensoja, auf über 400 000 Quadratkilometern Land aus: einer Fläche so groß wie Deutschland und die Schweiz zusammen.[71]

»Viele Länder, deren Bevölkerung unter Hunger leidet, versorgen gleichzeitig die Futter-, Faser-, Treibstoff- und Genussmittelindustrie des Nordens mit billigen Rohstoffen zu hohen ökologischen und sozialen Kosten«, heißt es in der deutschen Kurzfassung des Weltagrarberichts.[72] »Sojadiktatur« nennt die investigative Journalistin Marie-Monique Robin das, was Monsanto in Brasilien, Argentinien und Paraguay etabliert hat: »Die Macht des Konzerns übersteigt bei Weitem die der nationalen Regierung.«[73] Ein Beispiel genügt, um das Prinzip zu veranschaulichen: Nachdem transgenes Soja nach Paraguay und Brasilien geschmuggelt wurde und das konventionelle Soja verseuchte, sahen sich die Regierungen beider Länder gezwungen, den Genanbau ohne Risikoprüfung zu legalisieren, um die

Bauern nicht zu ruinieren.[74]

Monsanto ist seit 2005 durch zahlreiche Firmenaufkäufe auch der gigantischste Saatgutproduzent der Welt.[75] Die größten zehn Konzerne mit ihren zahlreichen internationalen Töchtern beherrschen inzwischen fast drei Viertel des Saatgutmarkts, gut die Hälfte der Düngemittel- und 90 Prozent der Pestizidproduktion. Die größten Ackergiftproduzenten sind Syngenta (Schweiz), Bayer Crop Science und BASF (Deutschland) sowie Monsanto, Dow AgroSciences und DuPont (alle USA).[76]

Das ›Permanent Peoples' Tribunal‹, das die Lelio-Basso-Stiftung 1979 in Bologna als Fortsetzung des internationalen Russell-Tribunals gründete, hat diese sechs größten Pestizidkonzerne aus der Schweiz, Deutschland und den USA in einem symbolischen Prozess Ende 2011 in Bangalore für massive und systematische Menschenrechtsverletzungen verantwortlich gemacht.[77] In Malaysia seien rund 30 000 Frauen dem 2011 international verbotenen Supergift ›Paraquat‹ ausgesetzt gewesen, das Syngenta der malaysischen Regierung aufgedrängt habe. Im indischen Kerala seien 4000 Menschen durch Sprühungen des ebenfalls 2011 verbotenen ›Endosulfan‹ von Bayer CropSciences auf Cashew-Plantagen getötet worden. In Neuseeland hätten Pestizide Hunde, Schafe, Kühe, Pferde, Rehe, Wildschweine und Vögel in den Stammesgebieten der Maori getötet.[78]

Da die Mächtigen die gesamte Produktionskette der Lebensmittel beherrschen, können sie auch die Preise für Saatgut, Chemie und Tierzucht diktieren – und werden so noch größer. Und manchmal verkaufen sie auch noch die Medikamente für diejenigen, die durch ihre Produkte erkranken. Ein französischer Landwirt lag lange in der Klinik, bevor er an den Folgen einer Pestizidvergiftung starb. Gegenüber dem Bauern Paul François, der 2007 einen Prozess gegen Monsanto gewann, kommentierte er: »Das ist doch ein verdammt gutes Geschäft, das die mit uns machen. Bayer, Sanofi, BASF haben mir erst die Pestizide verkauft, die mich krank gemacht haben. Und jetzt sehe ich die Medikamente und Spritzen, die ich bekomme, und da stehen die gleichen Namen drauf.«[79]

Die sechs größten Ackergiftproduzenten Monsanto, Syngenta, Bayer CropScience, BASF, Dow und DuPont mischen nicht zufällig massiv im Gentechnikgeschäft mit. Der Anbau transgener Pflanzen dient offenbar nur einem einzigen Zweck: weiterhin mit steigenden Mengen Pestiziden Profite machen zu können, obwohl die Patente dafür ausliefen, etwa für Glyphosat.

In den 1980er Jahren forschten Laborteams von Monsanto, DuPont, Hoechst und Ciba-Geigy offenbar gleichzeitig wie besessen an der Entdeckung von Genen, mit denen Pflanzenzellen gegen Pestizide immun gemacht werden konnten. »Es war wie das Manhattan-Projekt«, berichtet ein Monsanto-Forscher unter Anspielung auf den Atombombenbau im Zweiten Weltkrieg von diesem Wettlauf.[80] 1989 gewann ihn Monsanto. 1993 kam seine erste transgene Sojabohne auf den Markt, resistent gegen sein glyphosathaltiges Mittel Roundup; die Soja-Sorte war ›Roundup-Ready‹ (wörtlich: bereit für die Razzia). Wird ein Feld mit transgenem Soja mit Roundup besprüht, sterben alle anderen Pflanzen ab. Inzwischen ist Monsanto Weltmarktführer bei Gentechsaaten, die heute auf weltweit mehr als 110 Millionen Hektar wachsen, und bei konventionellem Saatgut.

Die ›großen Sechs‹ arbeiten dabei erstaunlich einträchtig zusammen und bilden eine Art Kartell. Sie entwickeln gemeinsame Projekte – wie den transgenen SmartStax-Mais von Monsanto, Dow und Bayer – oder gewähren sich gegenseitig Lizenzen und Zugriffe auf Techniken und Produkte.[81] 2002 legte Bayer seine

Pestizidabteilung mit Aventis CropScience zusammen – es entstand das Unternehmen Bayer CropScience.

Auch ihre PR-Strategien ähneln sich: Wer sich gegen Gentechnik und Pestizide wehrt, macht sich in ihren Augen schuldig im Kampf gegen Welthunger, Klimawandel und Energieprobleme. Die französische Journalistin Marie-Monique Robin weiß von zahlreichen Fällen, wie Monsanto Studien verfälschte, durch Falschbehauptungen kritische Forscher ins Aus stellte oder mit anonymen Mails diskreditierte.[82] Und BASF schreckt laut einer Studie der Otto-Brenner-Stiftung nicht vor Manipulationen bei Wikipedia zurück.[83]

Die neueste Masche der Agrokonzerne nennt sich ›Neue Allianz für Ernährungssicherung‹ und ›Öffentlich-private deutsche Ernährungspartnerschaft‹ (›PPP German Food Partnership‹). Unter diesen schönen Namen werden Kleinbauern in südlichen Ländern der Marktmacht dieser Konzerne und einem weiteren Schwall von Pestiziden ausgesetzt. Die im Mai 2012 von der US-Regierung gegründete ›Neue Allianz‹ umfasst die G8-Staaten, über 100 Unternehmen und bislang zehn afrikanische Staaten. Vorgebliches Ziel: in zehn Jahren 50 Millionen Menschen aus der Armut befreien. In Wirklichkeit wird wohl vor allem ›Landgrabbing‹ (Landraub) stattfinden, denn die afrikanischen Regierungen mussten sich verpflichten, bisher von Nomaden und Kleinbäuerinnen genutzte Landflächen für Investoren freizugeben, nationale Gesetze investorenfreundlich zu gestalten und den Zugang zu Saatgut zu privatisieren. Tansania soll nach Recherchen der Hilfsorganisation Oxfam in einem sogenannten Wachstumskorridor 350 000 Hektar für agroindustrielle Produktion mit allen Sorten Chemie bereitstellen, Malawi 200 000, Burkina Faso ebenfalls Investoren in einem Wachstumskorridor von zunächst 13 000 Hektar ansiedeln. ›Partner‹ sind hier Monsanto, Syngenta, DuPont, die Weltbank und andere. Da Kleinbauern Saaten bisher frei tauschen konnten, hat das in Tansania bereits zu zivilgesellschaftlichen Protesten geführt.[84]

Die ›PPP German Food Partnership‹ hat der frühere FDP-Entwicklungsminister Dirk Niebel ins Leben gerufen. Das Ministerium und die in der Förderung der Gentechnik engagierte Bill-Gates-Stiftung stellten dafür je 20 Millionen Euro bereit, die Unternehmen Bayer, BASF, Syngenta & Co. weitere 40 Millionen Euro. Ende 2013 lancierte das Konsortium die ersten vier Reis-, Kartoffel- und Ölsaatenprojekte in Asien und Afrika; die Projektvereinbarungen sind geheim. Kleinbäuerinnen, die in südlichen Ländern den Großteil der Ernte anbauen, wurden bewusst nicht einbezogen. Das ›Forum Umwelt und Entwicklung‹ urteilte deshalb, bei der German Food Partnership gehe es »nicht um Entwicklungszusammenarbeit, sondern um ihren Missbrauch für die Geschäftsinteressen deutscher Agrar- und Chemiekonzerne«.[85]

Wie Behörden und Medien vor den Strategien der Lobbyisten fest die Augen verschließen oder sie gar unterstützen, davon erzählt das nächste Kapitel.

Lügen

Wie seltsam, dass gerade die heiligsten und reizendsten Erscheinungen der Natur in den Händen so toter Menschen sind, als die Scheidekünstler (Chemiker) zu sein pflegen.

Novalis

Die Chemieindustrie investiert viele Millionen Euro in PR-Maßnahmen und Werbung, damit ihr Geschäft schöner aussieht, als es ist. Bayer wirbt auf seiner deutschen Website unter anderem mit dem interaktiven Tool »Science For A Better Life«. »Wir verbinden wirtschaftlichen Erfolg, gesellschaftliche Verantwortung und den Schutz der Umwelt«, verkündet der Internetauftritt von BASF; unter der Überschrift *»We create chemistry for a sustainable future«* sind lachende Gesichter, Windräder und zarte Pflänzchen zu sehen. Der Schweizer Syngenta-Konzern schreibt: »Hobbygärtner wissen, dass sie Unterstützung brauchen, um ihre Pflanzen gesund und gut versorgt zu halten. Denn ganz ohne Pflanzenschutz geht es auch in heimischen Gärten nicht.« Klickt man weiter, ist zu lesen, dass »im Zuge der aktuellen Kampagne gegen chemische Pflanzenschutzmittel« eine »von Greenpeace angeführte Allianz von Nichtregierungsorganisationen den Heim- und Gartenbereich ins Visier« nehme.

Syngenta lehne »diese ideologische Forderung eines Totalverbots chemischer Pflanzenschutzmittel entschieden ab. Chemische Pflanzenschutzmittel werden nach wissenschaftlichen Kriterien entwickelt und durchlaufen vor der Markteinführung ein strenges Prüfverfahren. Sie stellen deshalb bei richtiger Anwendung keine Gefahr für die Biodiversität dar.«

Und die deutsche Tochter von Monsanto bietet gleich einen ganzen ›Wertekodex‹ an, bestehend aus ›Integrität‹, ›Dialog‹, ›Transparenz‹, ›Austausch‹, ›Respekt‹ und ›verantwortlichem Auftreten‹. »Integrität« sei das »Fundament all unserer Handlungen. Zu Integrität gehören Ehrlichkeit, Anstand, Stetigkeit und Mut.« Weiter unten auf der Website ist zu lesen: »Die Sicherheit unserer Mitarbeiter, der Gemeinschaften, in denen wir tätig sind, unserer Kunden, der Verbraucher und der Umwelt hat dabei für uns höchste Priorität.« Überhaupt geht es hier um »nachhaltige Landwirtschaft«, die Monsanto so definiert: »Mehr produzieren. Ressourcen schonen. Lebensstandards verbessern.«[86]

Alle Chemieriesen wenden ähnliche Tricks an. Es geht nicht um Ackergifte, sondern um ›Pflanzenschutz‹, ›Biotechnologie‹, ›Life Sciences‹, ›Nachhaltigkeit‹, ›Verantwortung für die Umwelt‹, Herstellung von ›Sicherheit‹ nach ›wissenschaftlichen Kriterien‹ und um ›strenge Prüfverfahren‹. Ihre Produkte tragen so schöne Namen wie ›Milagro‹ (Wunder), ›Juwel Forte‹, ›Clio Star‹, ›Optimo‹ oder ›Cantus Gold‹. In Gartencentern kann man mit Pestiziden kombinierte Rasendünger kaufen, die ›Euflor‹, ›Fleur‹, ›Gabi‹ und ›Gartenperle‹ heißen.

Die Parallele zur Atomindustrie, die Wörter wie ›Entsorgungsparks‹ erfand, ist offensichtlich. In seinem Roman »1984« über ein totalitäres Regime trieb der Schriftsteller George Orwell die Strategie, Wörter in ihr Gegenteil zu verdrehen, auf die Spitze. »Miniwahr«, so heißt darin das Ministerium für Propaganda, Lügen und »Neusprech«. Die »Neusprech«-Strategie soll »Gedankenverbrechen« verhindern und die Bevölkerung so manipulieren, dass sie sich Proteste und Aufstände nicht einmal mehr vorstellen kann, weil ihr die Worte dazu fehlen.

Irritierend ist, dass Ministerien und Ämter die Schönfärbemethoden der Chemiemultis zum Teil übernehmen. Sie reden völlig selbstverständlich nur von ›Pflanzenschutzmitteln‹, auch auf ihren Websites wimmelt es von Begriffen wie ›Sicherheit‹, ›Verbraucherschutz‹ oder ›Koexistenz‹ von Öko- und Chemielandwirtschaft. Damit das so bleibt, versorgen Lobbyisten von Monsanto & Co. Ministerien laufend mit Werbematerial, etwa dem »AgrarDialog«.[87] Dabei handelt es sich hier in der Eigenwahrnehmung der Chemiekonzerne um ›Politikberatung‹ im Interesse der »globalen Verantwortung zur Sicherung der Welternährung«.[88]

Im Folgenden wollen wir einige dieser Begriffe auseinandernehmen.

›Koexistenz‹ und ›Wahlfreiheit‹

Diese schönen Begriffe suggerieren, dass es ein friedliches Nebeneinander von ökologischem und chemiebasiertem Landbau oder auch von normalen und transgenen Organismen geben könnte. In Wirklichkeit wird der Biolandbau jedoch durch die chemisch-synthetische Agrarindustrie gefährdet und beschädigt, was umgekehrt nicht möglich ist. Ökobauern können nicht in Frieden wirtschaften, wenn Nachbarn Gift spritzen. Eine gleichberechtigte ›Koexistenz‹, die ›Wahlfreiheit‹ für die Verbraucher inkludiert, gibt es hier genauso wenig wie eine zwischen Gesundheit und Krankheit, Leben und Tod.

Ein Beispiel von unzähligen: Der bayerische Imker Karl-Heinz Bablok wurde 2008 gerichtlich gezwungen, seinen Honig als Sondermüll zu entsorgen, weil dieser mit gentechnisch veränderten Pollen des Monsanto-Maises ›MON 810‹ verunreinigt worden war. Der Europäische Gerichtshof bestätigte 2011, dass der Honig nicht verkehrsfähig sei. Daraufhin machte die EU-Kommission 2012 einen Vorschlag zur Änderung der Lebensmittelvorschriften, wonach (genmanipulierter) Pollen im Honig künftig als »natürlicher Bestandteil« zu sehen ist; damit soll offenbar das Urteil des Obersten Gerichts ausgehebelt werden.[89]

Wir mussten auf eigene Kosten die Ernte vernichten: Bericht von Christiane Wilkening, Geschäftsführerin einer Kräuterteekooperative in Ostvorpommern

Den Biobetrieb ›Kräutergarten Pommerland‹ haben wir seit 1999 im Lassaner Winkel im äußersten Nordosten Deutschlands gegenüber der Ostseeinsel Usedom aufgebaut. Wir pflanzen Kräuter und Heilpflanzen und stellen aus den Kräutern und bunten Blüten Kräuterteemischungen her; seit 2001 sind wir eine kleine Genossenschaft. Anfang September 2001 wollten wir unsere Zitronenmelisse ernten. Aber – sie war weiß! Die Ernte von 2000 Quadratmetern war futsch!

Wir informierten sofort die Behörden: Pflanzenschutzamt, Umweltamt, die EU-Biokontrollstelle. Es war ein Abdriftschaden: Zwei Wochen zuvor hatte der benachbarte Großagrobetrieb ›Brasan‹ gespritzt, ein Herbizid mit dem Wirkstoff Clomazon, der in die Chlorophyllsynthese eingreift und den Pflanzen den grünen Farbstoff entzieht. Die EU-Kontrollstelle nahm Proben und entzog unserer Ernte sofort die Biozertifizierung. Den bürokratischen Aufwand mussten wir selbst bezahlen und die Kräuter vernichten. Das hat unseren Betrieb, der gerade im ersten Jahr war, nachhaltig geschädigt und unsere Projektentwicklung stark zurückgeworfen, obwohl wir letztlich einen geringen Schadensersatz bekommen haben.

Beim Gemeindestammtisch hörten wir dann, dass Kinder Ausschläge bekamen, alte Leute erkrankten, Kaninchen starben, Hühner keine Eier mehr legten: Es war ein Riesenspektrum an Symptomen. Ein kleines Mädchen hatte heftigen Ausschlag im Gesicht bekommen. In den Privatgärten gab es viele entfärbte Pflanzen, auch im Wald, selbst in einem 20 Kilometer entfernten Bio-Gewächshaus. Der Hersteller Syngenta hatte Brasan zu einem Sonderpreis verkauft, weil dessen Zulassung auslief; viele Landwirtschaftsbetriebe in Mecklenburg-Vorpommern hatten zugegriffen. Unser Blick wurde geschärft: Was ist weiß geworden? Vogelmiere ist eine der ›Zeigerpflanzen‹, die als erste solche Schäden anzeigen, indem sie weiß werden; dazu gehören auch Brombeeren, Löwenzahn, Disteln, Rosen ... Auf unseren Fahrten sahen wir immer wieder die weißen Pflanzen am Ackerrand, etwa 50 Fälle gab es im Land. Es war sehr aufwühlend.

Zwei Tage später gingen wir an die Öffentlichkeit und organisierten eine Pressekonferenz – etwas, was wir heute so nicht mehr tun würden. Der Agrobetrieb mobilisierte seine Angestellten; zwei Dutzend Personen demonstrierten gegen uns, wurden fast handgreiflich. Die Gegenseite behauptete, wir würden ›Terror‹ gegen den Großbetrieb ausüben und wollten ihn vernichten. Wir mit unserem Zwei-Hektar-Betrieb gegenüber 5000 Hektar!

Später haben wir erfahren, dass solche Schäden normalerweise über die Versicherung des Spritzfahrzeugs geregelt werden, statt sie öffentlich zu machen. Es wird halt hingenommen. »Das kennen wir doch schon«, sagten auch die Leute in den Dörfern. Oder: »Wenn der spritzt, dann mache ich das Fenster zu.« Eine alte Frau sagte: »Dann lege ich mich erstmal zwei Wochen ins Bett.« Durch diese Spritzerei auf den Feldern um uns herum werden wir in den Dörfern einem regelrechten Giftcocktail ausgesetzt. Wenn etwa der Raps vor der Ernte bei der sogenannten Sikkation mit Glyphosat respektive Roundup totgespritzt wird, kurz darauf dann ein Herbizid mit dem Slogan »Säen, spritzen – fertig!« ausgebracht wird, verbinden sich die verschiedenen Gifte in der Luft und werden unkontrollierbar sonstwohin verfrachtet.

Die Pressekonferenz war der Auftakt zu einer mehr als zweijährigen Kampagne gegen uns. Man behauptete, dass wir Großbetriebe enteignen wollten, dass wir Menschen dazu bringen wollten, nur noch barfuß zu laufen und Brennnesseln zu essen, dass wir eine Sekte seien oder Hexen, und überhaupt passe ein Ökobetrieb nicht in eine Region mit konventioneller Landwirtschaft. Die Presse recherchierte nicht und sprach nicht mit uns, sondern berichtete völlig einseitig. Im März 2002 erschien ein Flugblatt: »Bürger, holt euch eure Dörfer zurück! Wir wollen, dass die Zugereisten verschwinden!«

In den Dörfern ging der Riss teilweise mitten durch die Familien. Bei dem Agrogroßbetrieb arbeiten und 40 Personen, aus vielen Familie einer. Die standen zu dem Betrieb, andere Familienmitglieder, die uns kannten, sahen die Sache differenzierter. Die Gemeinde Pulow umfasste damals vier kleine Dörfer, zu den Gemeinderatssitzungen erschienen bis zu 130 Menschen! Der Bürgermeister Matthias Andiel von der CDU stand zu uns, denn er hatte daran mitgewirkt, dass wir in dieser abgehängten Gegend neue Projekte kreiert und Arbeitsplätze geschaffen hatten, aber er wurde zwischen den Fronten fast zerrieben.

Die turbulenten Gemeinderatssitzungen waren der Anlass, dass uns das Landwirtschaftsministerium von Mecklenburg-Vorpommern nach Schwerin vorlud. Wir mussten uns fünf

Stunden lang rechtfertigen, was uns eigentlich einfiele, die Dörfer aufzuwiegeln. Für mich war das die völlige Umkehrung der Lage: Auf einmal waren wir als kleiner Biobetrieb nicht gefährdet, sondern gefährlich!

Obwohl der Großbetrieb uns nach dem ersten Schaden zusicherte, beim Spritzen einen Abstand von 36 Metern einzuhalten, gab es 2004 erneut Clomazon-Schäden. Wir mussten wieder die Verluste und die EU-Kontrollstelle bezahlen, diesmal ohne Entschädigung. Diesmal gingen wir nicht an die Öffentlichkeit, sondern informierten gleich direkt das Landwirtschaftsministerium, fragten, was sie gegen diese Schädigungen unternehmen wollten, und trugen dort unsere Idee vor, die Dörfer mit grünen Gürteln langfristig gegen Abdrift zu schützen, durch Flächentausch und andere Maßnahmen.

2011 gab es den nächsten Vorfall: Ende August stank es von den Feldern her wie in einer Lackiererei! Wieder waren die Zeigerpflanzen in den Gärten weiß, wieder informierten wir das Ministerium, wieder kam ein Mitarbeiter angereist und hörte sich an, was die Betroffenen zu sagen hatten: eine alte Frau, ein Mann mit Herzfehler, eine Schwangere, die Tagesmütter, die Betreiber von Ferienwohnungen, wir von Kräutergarten Pommerland. Betroffen reiste er weiter zum Verursacher. Der trug vor, es handele sich um ein Versehen ... Das Ministerium erließ daraufhin ein Verbot für die Ausbringung des clomazonhaltigen Mittels, das in diesem Jahr ›Colzor Trio‹ hieß – aber leider nur für kurze Zeit, denn der Hersteller Syngenta legte Rechtsmittel ein, und nach drei Tagen war das Verbot vom Tisch.

Dennoch sind wir jetzt auf einem guten Weg, so hoffen wir zumindest. Ministeriumsmitarbeiter wollen uns nun dabei helfen, Land in Dorfnähe zu bekommen und den Plan vom grünen Schutzgürtel um unsere Dörfer zu verwirklichen.

›Gute fachliche Praxis‹ und ›sichere Anwendung‹

Nach dem deutschen »Pflanzenschutzgesetz« dürfen Pestizide nur eingesetzt werden, wenn die ›gute fachliche Praxis‹ gewährleistet wird. Diese besteht unter anderem in der Einhaltung von Vorschriften und Maßnahmen, die in der Wissenschaft als ›gesichert‹ und aufgrund praktischer Erfahrungen als ›geeignet, angemessen und notwendig‹ gelten. So ist zum Beispiel das Ausfüllen von ›Spritzprotokollen‹ Vorschrift. Damit sollen ›Pflanzen und Pflanzenerzeugnisse‹ gesunderhalten und Gefahren von Mensch, Tier und Umwelt abgewehrt werden.

In der Praxis ist die ›gute fachliche Praxis‹ nur Theorie, die ›sichere Anwendung‹ gibt es nicht, und Gesundheit durch Gifte erst recht nicht – schon der Gesetzestext ist ideologisiert. Die Spritzvorschriften der Pestizidhersteller sind vielfach nicht einhaltbar. Verwehungen etwa aufgrund von ständigen oder auffrischenden Winden sind Alltag; Mindestabstände können von Traktorfahrern nicht eingehalten werden, wenn die Felder hügelig oder schwierig zu befahren sind; Spritzprotokolle werden manipuliert, unzureichend ausgefüllt und nicht kontrolliert. Der große Vorteil für Hersteller: Wenn etwas schiefgeht, können sie immer behaupten, die dummen Bauern seien schuld und hätten sich nicht an die Vorschriften gehalten.

Beliebiges Beispiel: Die Spritzprotokolle eines konventionellen Milchviehbetriebs mitten im brandenburgischen Biosphärenreservat Schorfheide-Chorin aus den Jahren 2008 und 2009 waren fast immer fehlerhaft. Weder ließ sich feststellen, ob die ›Schläge‹ (gespritzte Gebiete) an Gewässer grenzten und Abstandsauflagen eingehalten wurden, noch wurde die Spritztechnik festgehalten, noch hat der Auftraggeber die Protokolle unterschrieben und kontrolliert.[90] Eingesetzt wurden meist drei bis vier Pestizide gleichzeitig, mit zum Teil für Wasserorganismen sehr giftigen Substanzen. Und das mitten in einem Biosphärenreservat mit vielen Teichen und Tümpeln.

Dass so etwas gängige Praxis ist, dokumentiert ein Hintergrundpapier des Umweltbundesamts. Im Rahmen eines Forschungsprojekts sollten »unangekündigte Feldbeobachtungen« bei Pestizidspritzungen vorgenommen und »Fehlverhalten« erfasst werden. Das Amt brach seine Forschung im Oktober 2005 jedoch ab, weil die Ergebnisse katastrophal schlecht ausfielen. Sie seien von den Fallzahlen her »zwar noch nicht repräsentativ, weisen aber auf eine Fehlanwendungsquote von etwa 50 Prozent hin«, so die Autoren. Offenbar wurden die – von Bundesland zu Bundesland unterschiedlichen – Mindestabstände zu Gewässern nicht eingehalten, und »zahlreichen Landwirten« sei »nicht bewusst« gewesen, »dass angrenzende wassergefüllte Gräben als schützenswerte Gewässer gelten«. Das deute »auf ein Fehlverhalten der Landwirte beim Umgang mit Pflanzenschutzmitteln in so hohem Maße hin, dass die Durchführung weiterer, bis 2007 geplanter Beobachtungen zur Gewinnung repräsentativer Ergebnisse nicht gerechtfertigt erscheint«.[91]

›Gesicherte wissenschaftliche Erkenntnisse‹

Unvoreingenommene neutrale Wissenschaft gibt es immer weniger. Wenn sie eine Studie in Auftrag geben, haben deren Financiers meist schon klare Vorstellungen vom Ergebnis. Das ist die Achillesferse für Forschungseinrichtungen und Universitäten, denn in Zeiten chronisch knapper Kassen sind sie abhängig von Drittmitteln, etwa aus der Industrie. Wissenschaft ist erpressbar geworden, und »Forscher neigen zu Schummeleien«, wie es Stefan Hornbostel, Chef des Instituts für Forschungsinformation und Qualitätssicherung, formuliert.[92]

Jörg Neufeld von demselben Institut befragte 2012 österreichische Wissenschaftler nach Manipulationen. Ergebnis: Mehr als 25 Prozent der Befragten antworteten, sie hätten das ›Aufpolieren‹ von Forschungsergebnissen, das Verändern, Manipulieren und Verfälschen von Daten bei anderen beobachtet oder selbst praktiziert. Gut 35 Prozent gaben an, andere oder sie selbst hätten Daten einseitig oder verzerrt wiedergegeben, Befunde zurückgehalten, die bisherigen Forschungsergebnissen widersprächen, oder Daten unzureichend dokumentiert. 16 Prozent hatten bei anderen oder sich selbst »fehlende Offenlegungen von persönlichen Verflechtungen mit Firmen« beobachtet oder selbst praktiziert oder auch »unangemessene Veränderung von Forschungsergebnissen auf Druck von Auftraggebern« beobachtet. Bei den ›Lebenswissenschaften‹, wie Biochemie und Agrartechnologie, hatten sogar 43 Prozent verzerrte Interpretationen von Ergebnissen entweder miterlebt oder selbst vorgenommen. Da Befragte Manipulationen nur ungern zugeben, liegen diese Zahlen »aller Wahrscheinlichkeit nach« sogar noch »unter den tatsächlichen Häufigkeiten«, so der Autor. Das Fehlverhalten von Forschern sei also »mehr oder weniger fester Bestandteil des wissenschaftlichen Betriebs«.[93] Mit anderen Worten: Manipulationen sind Alltag, ehrliche Wissenschaft ist eher die Ausnahme.

»Unliebsame Ergebnisse«, so ergänzt eine anonym bleiben wollende Mitarbeiterin einer Pestizidzulassungsbehörde, würden schlichtweg unter den Teppich gekehrt. Sie hätten »keine Chance«, in Vorlagen der Bundesministerien einzufließen, weil die Chemieindustrie dort als gewichtiger Faktor des »Industriestandorts Deutschland« gesehen würde. Und wenn das doch mal passiere, dann sorgten Lobbyisten mit ihrem Einfluss dafür, dass Menschen mit Rückgrat kaltgestellt würden.

Umso wichtiger ist es, dass Wissenschaftler und Forscherinnen unbeeinflusst vom großen Geld arbeiten können. Aber das ist heute kaum mehr gegeben, zumal naturwissenschaftliche Testreihen in High-Tech-Laboren sehr teuer sind. 95 Prozent aller Forscher im Bereich Gentechnik arbeiten nach Schätzung des norwegischen Experten Terje Traavik für die Industrie, nur fünf Prozent seien unabhängig – und hätten enorme Probleme, Gelder für Studien einzuwerben.

Und wenn sie es doch schaffen, ihre Ergebnisse zu publizieren, dann werden sie oft ins Abseits gestellt. Die Liste der Betroffenen ist lang.[94] So erging es unter anderen einem Team um den renommierten französischen Forscher Gilles-Éric Séralini von der Universität Caen, dem aufgefallen war, dass Studien zur angeblichen Harmlosigkeit des Monsanto-Pestizids Roundup vom Konzern selbst stammten und seine Langzeitwirkung nie überprüft worden war. Also fütterte sein Team Ratten zwei Jahre lang mit Roundup-kontaminiertem Genmais – und registrierte massive Gesundheitsschäden, etwa Tumoren an den Fortpflanzungs- oder Körperentgiftungsorganen wie Nieren und Leber sowie eine deutlich verfrühte Sterblichkeit. Die 2012 im Fachjournal »Food and Chemical Toxicology« publizierten Ergebnisse sorgten für weltweite Aufmerksamkeit. Als jedoch ein früherer Monsanto-Mitarbeiter eingestellt wurde, zog das Journal die Studie zurück: Sie sei »unseriös«, weil die Kontrollgruppe zu klein gewesen sei. Dass Rattengruppen bei Monsanto-Studien auch nicht größer und nie länger als 90 Tage gefüttert worden waren, wurde verschwiegen. Séralini geriet unter massiven öffentlichen Druck und konnte erst zwei Jahre später mit einer Wiederveröffentlichung im Fachjournal »Environmental

Sciences Europe« seinen Ruf rehabilitieren.[95] Die Beweislast sei hier umgekehrt worden, kommentiert die Pflanzenökologin Angelika Hilbeck. Nicht mehr der Konzern müsse eine Risikoanalyse seines Produkts machen, »es sind ein paar wenige, unabhängige Forscher an Universitäten, die beweisen müssen, dass es doch Risiken gibt«.[96]

›Sicherheit für Verbraucher und Natur‹

Die akute und chronische Giftigkeit von Pestiziden zur Festlegung erlaubter Höchstmengen in Lebens- und Futtermitteln wird mittels Tierversuchen festgestellt, etwa bei Ratten. Vertragen diese die Chemikalien ohne festgestellte gesundheitliche Folgen, wird daraus die ›erlaubte Tagesdosis‹ (ADI) in Milligramm Wirkstoff je Kilogramm Körpergewicht pro Tag errechnet. Zum Schutz von Menschen beträgt deren ADI nur ein Hundertstel der untoxischen Tagesdosis der Nager. Solche Studien kommen also nicht ohne Massen von Versuchstieren aus, die getestet, vergiftet und getötet werden.

Selbst wenn man dies im Interesse des ›Fortschritts‹ moralisch vertretbar findet: Vom Organismus der Ratten und sprichwörtlichen Versuchskaninchen kann nicht ohne Weiteres auf den von Menschen geschlossen werden. Zudem sind die durch solche Studien festgelegten Schwellenwerte problematisch, suggerieren sie doch ›Ungiftigkeit‹ in niedrigeren Dosen. Diese existiert jedoch nicht – Gifte greifen immer in biologische Prozesse ein.

Und schlimmer noch, in manchen Fällen existiert nicht einmal ein linearer Zusammenhang zwischen Giftdosis und Gesundheitsstörung, sondern ein komplexes Ursache-Wirkungs-Verhältnis, das Forscher und Wissenschaftlerinnen bisher nicht angemessen erklären können – etwa bei HCB, dessen Einsatz seit 1971 verboten ist, das aber als Verunreinigung in über 140 Pestiziden immer noch vorkommt. Zumindest in Versuchen an Mäusen waren die schädlichen Effekte von geringen HCB-Dosen stärker als in höheren. Die Wirkung steigt mit der Steigerung der Dosis also nicht linear, sondern ist bei geringen Mengen hoch, fällt dann bei Erhöhung ab und schnellt schließlich erneut hoch – wie bei einer U-Kurve. Der Grundsatz »Die Dosis macht das Gift« wird damit außer Kraft gesetzt.[97]

Anita Schwaier, die als Humantoxikologin jahrelang solche Studien zu bewerten hatte und jetzt im Ruhestand in Angermünde lebt, kritisiert die vorgeschriebenen Tests als lebensfremd, weil sie noch bis in die 1990er Jahre fast nur auf den Menschen bezogen waren, »Untersuchungen zur Umwelttoxizität fanden praktisch nicht statt.« Und: »Die Prüfungen erfolgen mit der reinen Wirksubstanz. Es werden fast nie die Fertigpräparate, die im Regal stehen, mit all ihren Zusätzen wie Tensiden, Lösungsvermittlern und Stabilisatoren getestet.« Dabei sind oft gerade Zusatzstoffe besonders giftig, etwa die Tallowamine, Netzmittel, die dafür sorgen, dass das Herbizid Glyphosat direkt in alle Pflanzenteile eindringen kann.

Ihre weitere Kritik: In den Tests wird nicht berücksichtigt, dass oft drei oder mehr Pestizide gleichzeitig versprüht werden. »Dabei addiert sich jedoch die Toxizität der einzelnen Chemikalien, auch bei unterschiedlichem Wirkmechanismus, teilweise potenziert sie sich.« Auch die epigenetischen Auswirkungen werden nicht getestet, etwa durch Mehrgenerationenprüfungen, das sei auch »praktisch unmöglich«.

Genauso unmöglich sei es, die Giftauswirkungen auf das gesamte Ökosystem mit all seinen vielen Tier- und Pflanzenarten und Mikroorganismen festzustellen. Auch die neu eingeführten

Tests an Miniatur-Ökosystemen taugten dafür nicht: »Sie liefern Daten, die schwer interpretierbar sind und sich kaum auf die realen komplexen Ökosysteme übertragen lassen. Denn in der Natur gibt es eine riesige Zahl unterschiedlicher Biotoptypen mit Tausenden von Arten. Jede Art hat im Stoffkreislauf ihre Funktion. Dazu kommen Hunderte verschiedene Pestizide. Wie will man da Effekte einzelner Substanzen erkennen? Bewiesen ist, dass national und global die Artenvielfalt dramatisch schrumpft. Je geringer die Artenvielfalt, desto instabiler ist das Ökosystem, Massenvermehrung von Schädlingen ist die Folge. Beeinträchtigt durch Pestizide sind aber auch die Kleinstlebewesen im Boden, die organische Substanz zersetzen und eine Rückführung der Nährstoffe zu den Pflanzenwurzeln ermöglichen. Wenn der Abbau organischer Substanz und von synthetischen Chemikalien nicht mehr vollständig ist, landen immer mehr Fremdstoffe im Grundwasser.«[98]

Und noch eine Erinnerung: Schon viele Produkte der Chemieindustrie wurden als ungefährlich klassifiziert, was sich später als großer Irrtum herausstellte. Ahnungslose verstrichen in ihren Wohnungen Holzschutzmittel, die bis 1978 die Biozide PCP und Lindan enthielten. Tausende wurden schwer krank, Tausende mussten ihre Häuser aufgeben.[99]

›Neutrale unabhängige Behörden‹

Pestizide durchlaufen ein durchaus aufwendiges und kompliziertes Zulassungsverfahren. In Deutschland prüft sie das im Geschäftsbereich des Bundesernährungsministeriums agierende Bundesamt für Verbraucherschutz und Lebensmittelsicherheit, beteiligt sind zudem das Bundesinstitut für Risikobewertung, das Julius-Kühn-Institut und das Umweltbundesamt.

Seit 2011 hat eine neue Zulassungsordnung in der EU ambivalente Auswirkungen. Zuerst müssen die einzelnen Wirkstoffe auf EU-Ebene geprüft und genehmigt werden, denn Pestizide sind zumeist ›Zubereitungen‹ mehrerer Substanzen. Danach müssen die Handelsprodukte ein behördliches zonales Zulassungsverfahren durchlaufen, wenn sie in mindestens einer von drei EU-Zonen verkauft werden sollen, wobei jeweils ein bestimmtes Land für das Verfahren verantwortlich zeichnet.

Die Einführung des ›Vorsorgeprinzips‹ in die EU-Gesetzgebung auf Druck von PAN und anderen Umweltorganisationen ist dabei ein Fortschritt: Krebserregende, fortpflanzungsschädigende und hormonell wirksame Substanzen dürfen eigentlich nicht oder nur in geschlossenen Systemen angewendet werden. Die ›Harmonisierung‹ von Grenzwerten für Pestizidrückstände innerhalb der 27 EU-Länder hat aber dazu geführt, dass diese in der Mehrheit der Fälle angehoben wurden. Obwohl die Pestizidverordnung Gesundheitsrisiken eigentlich ausschließen soll, führt sie Rückstandshöchstmengen für gefährliche Wirkstoffe auf: etwa der Wirkstoff Mancozeb, der Brust- und Schilddrüsenkrebs verursachen kann.[100]

Die Behörden bezeichnen sich als ›unabhängig‹. Aber Chemielobbyisten kennen die psychologischen Tricks, mit denen sie Beamte auf ihre Seite kriegen. »Das läuft nicht über Briefumschläge mit Geld, sondern viel subtiler«, so besagte Insiderin. »Da wird man zu Empfängen eingeladen und dann umgarnt oder auch mit Rufschädigung bedroht und geschnitten. In einer solchen Behörde geht es einem richtig gut, wenn man gar nichts tut. Aber wehe, man äußert sich kritisch.«

Zudem gibt es ›Drehtüreneffekte‹. So nennt man die Seitenwechsel, wenn Lobbyisten in Behörden berufen werden oder umgekehrt Beamte in Chemiekonzerne wechseln – des öfteren geschehen in der Europäischen Behörde für Lebensmittelsicherheit (EFSA) im italienischen Parma, zuständig für Pestizide und transgene Pflanzen. Suzy Renckens, Leiterin der Gentechnikabteilung der EFSA, wechselte Ende 2009 ohne Auflagen in die Gentechindustrie. Das EU-Parlament rügte diese Praxis – ohne Folgen. 2010 kritisierte der grüne EU-Parlamentarier José Bové, dass Diána Bánáti, Vorsitzende des Verwaltungsrats der EFSA, gleichzeitig Mitglied des Verwaltungsrats des Gentech-Lobbyverbands International Life Science Institute (ILSI) war. Sie verzichtete auf den Posten und wurde 2011 wieder als Chefin des EFSA-Verwaltungsrats gewählt. Mitte 2012 wechselte sie erneut zu ILSI und verließ ihren EFSA-Posten.[101]

Die EFSA kostet europäische Steuerzahler etwa 60 Millionen Euro pro Jahr und schützt sie faktisch nicht. Denn sie arbeitet mit demselben Trick, der die Einführung transgener Pflanzen und damit verbundener massiver Pestizidduschen in den USA möglich gemacht hat. Die US-Regierung unter Präsident Bush senior hatte 1992 transgenes Soja kurzerhand für ›gleichwertig‹ mit herkömmlichem deklariert. Das Risiko wurde also ohne vorherige biologische Prüfung einfach politisch wegdefiniert – und das gilt bis heute.[102] Auch in den EFSA-Richtlinien heißt es, dass die Risiken von genmanipulierten Pflanzen grundsätzlich mit denen von konventionellen vergleichbar seien.[103] Zudem arbeitet man dort mit Studien, die von den Chemiekonzernen zur Verfügung gestellt werden; »eigene Befugnisse besitzt die Behörde nicht«, so Journalist Thomas Migge,[104] und die Rohdaten der Konzernstudien bekommt sie mit Verweis auf den Patentschutz ebenfalls nicht.

Die EFSA ist seit 2005 verpflichtet, mögliche Kombinationseffekte und Mehrfachrückstände von Pestiziden bei der Festsetzung von Schwellenwerten und Höchstmengen zu berücksichtigen. Faktisch aber tut sie nichts dafür. Ein knapp 400-seitiger

Expertenbericht, »State of the Art Report on Mixture Toxicity, Final Report« von Ende 2009, schläft samt Empfehlungen in der Schublade. Böden und Lebewesen werden weiterhin mit Giftcocktails unbekannter Wirkung traktiert.

›Gesundheitliche Risiken ausgeschlossen‹

»Pestizide beeinflussen das Parkinson-Risiko«, gibt auch Klaus-Erich Appel zu, leitender Toxikologe im Bundesinstitut für Risikobewertung. Dennoch verfasste er 2006 eine Stellungnahme des Instituts, wonach ein Zusammenhang zwischen Ackergiften und der Krankheit nicht nachweisbar sei. Die wiederum floss in Gutachten ein, die dem an Parkinson erkrankten Ex-Landwirt Josef K. bescheinigten, es handele sich nicht um eine Berufskrankheit, er habe deshalb keinen Anspruch auf eine Rente der Berufsgenossenschaft.[105] Josef K. hatte früher ohne Schutzkleidung viele verschiedene Gifte ausgebracht, doch wie sollte er beweisen, dass das die Krankheit ausgelöst hatte? So ergeht es vielen, die mit Giften hantieren.

In Frankreich wurde der Bauer Paul François 2004 durch das Monsanto-Pestizid ›Lasso‹ mit dem Wirkstoff Alachlor vergiftet und fiel ins Koma. Laut Deutschlandradio schloss der behandelnde Klinikarzt – der als Redner auf einer Monsanto-Konferenz aufgetreten war – ein Pestizid als Ursache kategorisch aus und diagnostizierte »psychische Störungen und Depressionen«. François verließ die Klinik gegen den Rat der Ärzte. Seine Frau kontaktierte einen Toxikologen. Der wies eine schwere Vergiftung durch einen hochgefährlichen Inhaltsstoff von Lasso nach und riet zu einer Entgiftung auf Algenbasis, die auch bei Dioxinvergiftungen eingesetzt wird. Nach und nach gesundete der Bauer und gewann im Februar 2007 einen Gerichtsprozess gegen Monsanto.

Der französische Arbeitsmediziner Eric Ben-Brik hat etlichen Landwirten attestiert, dass Pestizide Krebs und Parkinson, Alzheimer und Demenz verursachen. Doch auch in Frankreich erkennt die landwirtschaftliche Sozialkasse nur die Hälfte der Fälle als Berufskrankheit an. Viele Bauern reagierten mit einer Mischung aus Schuldgefühlen und Resignation, berichtete Ben-Brik im Deutschlandradio: »Die Landwirte schämen sich. Sie erzählen mir, dass sie von den anderen Bauern wie Aussätzige behandelt werden. Hinzu kommt der finanzielle Druck. Sie sagen immer, dass sie nur diesen Beruf gelernt haben, den Hof um jeden Preis am Laufen halten müssen.«

In der Regel dauere es zehn bis zwanzig Jahre, bis die Krankheiten ausbrechen, so der Arbeitsmediziner. Es sei schwierig, den verantwortlichen Wirkstoff im Nachhinein zu identifizieren, und noch komplizierter, eine Berufskrankheit nachzuweisen. »Wenn wir Glück haben, hat der Landwirt noch die Kaufbelege in seiner Buchhaltung oder irgendwo in Kartons auf dem Dachboden. Meistens handgeschriebene Notizen, die wir Posten für Posten entziffern müssen. Dann haben wir die alten Markennamen, aber nicht die Wirkstoffe. Es gibt kaum zuverlässige Datenbanken, die Hersteller geben ihre Pestizidrezepte nicht preis. Enorm zeitaufwändige Recherchen!«[106]

›Pestizide sind wichtig im Kampf gegen den Welthunger‹

Ackergifte lindern nicht den Welthunger, sondern verursachen ihn vielmehr. Auf dem Höhepunkt der Lebensmittelkrise von 2008 verwiesen Agrokonzerne wie Monsanto, Cargill und Syngenta auf Riesengewinne. Syngenta erklärte 2008 als »hervorragendes Jahr für die Landwirtschaft«.[107] Einer der Gründe sind weltweit steigende Pestizideinsätze durch Gentechnik.

Monsanto & Co. streben eine Welt an, in der ab 2020 nur noch transgene Pflanzen unter Giftduschen angebaut werden – mit allen eingebauten Konsequenzen wie Monopolisierung, Arteneinfalt, schleichender Bodenvergiftung und Krebs.[108] Die Rockefeller-Stiftung investierte in den 1960er Jahren massiv in die ›grüne Revolution‹, um kommunistische Revolten zu verhindern, und später in die ›grüne Gentechnik‹. Die Ursachen der Unterernährung – Armut und Mangel an Geld für gutes Essen – werden damit nicht beseitigt, im Gegenteil: Kleinbauern werden abhängig gemacht und damit noch weiter geschwächt.[109]

Nach der Invasion im Irak und Afghanistan führten die USA in beiden Ländern klammheimlich transgene Pflanzen ein. Paul Bremer, Bushs Statthalter in Bagdad ab Mai 2003, sorgte nach Darstellung des Agrarexperten Manfred Christ mit einer ›Lex Monsanto‹ dafür, dass staatseigene irakische Saatgutunternehmen in die Hände westlicher Saatgutmultis übergingen. Im ›befreiten‹ Irak durften Samensorten nicht mehr frei gehandelt und angebaut werden. Die staatliche Samenbank von Abu Ghuraib mit ihrer Vielfalt an regionalen Sorten war nach US-Bombenangriffen komplett zerstört.[110]

Chronische Glyphosat-Vergiftung

Küchengerüche liegen in der Luft des Idinger Hofs in der niedersächsischen Kreisstadt Bad Fallingbostel, aber auch Schwaden aus Zorn, Verzweiflung und Wut. Alle paar Monate treffen sich dort Landwirte und Viehhalterinnen aus ganz Deutschland. Es geht um eine unheimliche Krankheit, die ihre Existenz ruiniert hat, aber nach Meinung der Behörden gar nicht existiert: um ›chronischen Botulismus‹.

Ullrich Kuder, Bauer aus Thoßfell im sächsischen Vogtland, hat zusammen mit seinem Bruder Mario rund 300 Kühe verloren. Bei den Geschwistern traten dieselben Symptome auf wie bei ihren Rindern: Muskellähmungen, Bewegungsprobleme, Gelenkschmerzen.

Hermann Bormann, Milchbauer im niedersächsischen Ubbendorf, war stolz auf die überdurchschnittliche Leistung seiner Kühe. Bis 400 Tiere starben.

Niels Bratrschovsky aus dem mecklenburgischen Groß Stieten verlor 850 Tiere, einschließlich Hofhund und Hofkatze; die Familie erkrankte.

Heinrich Strohsahl aus einem Dorf bei Itzehoe musste ohnmächtig zusehen, wie innerhalb von gut zwei Jahren mehr als 1000 seiner Hochleistungskühe verendeten. Er erkrankte selbst schwer, hatte Muskel-, Schluck- und Augenprobleme, war ständig müde, und wenn er im Bett lag, fingen »alle Muskeln an zu vibrieren«. Der Hof, den er mit seinen Brüdern erbte, sollte sein Lebenswerk werden. Nun ist er ruiniert.

Einen zweistelligen Millionenschaden hätten die in der Interessengemeinschaft Botulismus organisierten Landwirte erlitten, schätzt ihr Vorsitzender Klaus Wohldmann aus dem mecklenburgischen Güstrow. Er selbst musste nach dem Tod von 300 Tieren seinen Hof aufgeben; die ganze Familie erkrankte, sein jüngster Sohn ist schwerstbehindert. Der vom Schicksal schwer getroffene Mann hat den Eindruck, dass die Behörden ihn als Querulanten sehen und immer wieder schikanieren, statt ihm zu helfen.

»Das kann niemand nachvollziehen, der kein Bauer ist, wie einem zumute ist, wenn täglich Tiere sterben«, sagt Ulrich

Kuder. »Und man sich das Hirn zermartert auf der Suche nach dem Warum und nichts finden kann«, ergänzt Bratrschovsky.

Chronischer Botulismus befällt Tiere und Menschen, Symptome sind unter anderen Seh- und Schluckstörungen, Durchfall und Verstopfung, Lähmungen und Zittern. Die durch ein Bakterium ausgelöste unheimliche Krankheit breitet sich seit Mitte der 1990er Jahre aus. Nach Schätzungen von Experten sind bundesweit 2000 bis 9000 Höfe betroffen, mit Schwerpunkt in Schleswig-Holstein und Mecklenburg-Vorpommern. Die Dunkelziffer ist extrem hoch, weil Betroffene aus ökonomischen Gründen schweigen. »Landwirte sehen sich gezwungen, Fleisch und Milch von kranken Tieren zu vermarkten«, sagt einer von ihnen. Welche Folgen das für Konsumenten hat, ist völlig ungeklärt.

Das Problem geht weit über Deutschland hinaus. In den USA und Kanada sterben immer mehr Jungtiere. Der dänische Tierarzt Jörn Erri berichtet in Bad Fallingbostel von erkrankten Herden und ruinierten Höfen in Dänemark und Schweden, andere wissen von Fällen in Belgien und den Niederlanden. »Chronischer Botulismus sät Tod und Verderben«, übertitelte die niederländische Fachzeitschrift »Milchvieh« Ende 2013 ihren Bericht über betroffene Milchviehhalter.

Botulismus kommt einer Seuche gleich

Wenn eine Krankheit von Tier zu Tier oder gar zu Menschen überspringt, ist die Definition einer Tierseuche erfüllt. Doch Bundes- und Landesministerien stufen diese neue Form des Botulismus nicht als solche ein – wohl aus Furcht vor einem Lebensmittelskandal. Obwohl das Bundeslandwirtschaftsministerium seit über einem Jahrzehnt von dem seuchenhaften Geschehen weiß, gab es erst 2012 eine Studie dazu in Auftrag –

deren Methodik umstritten ist. Eine Entschädigung der Betroffenen lehnte das Bundeslandwirtschaftsministerium noch unter Ilse Aigner ab. Für das Ministerium und das ihm unterstehende Bundesinstitut für Risikobewertung ist chronischer Botulismus nur eine »Hypothese zur Erklärung eines unspezifischen Krankheitsbildes«. Die Krankheit sei auf Fütterungsfehler der Landwirte und schlechte Hofhaltung zurückzuführen. Mit anderen Worten: Die ruinierten Bauern sind selbst schuld.

»Seltsam«, merkt Niels Bratrschovsky sarkastisch an, »dass sich in bestimmten Regionen die dummen Bauern so häufen«. Und seltsam auch, dass es besonders Höfe mit der höchsten Milchleistung trifft. Landwirten, deren Kühe rund 10000 Liter pro Jahr produzierten, kann man kein Missmanagement vorwerfen.

Also, was sind die Ursachen? Bei Familie Bratrschovsky sind Fäulnisbakterien durch DDR-Altlasten auf den Hof gelangt, bei den Wohldmanns durch eine Fluss-Überschwemmung. In zahlreichen Fällen aber gibt es einen anderen Verdacht: Glyphosat. Chronischer Botulismus trat parallel zum Einsatz von glyphosathaltigem Kraftfutter seit 1996 und verstärkt seit 2005 auf.

Der US-Konzern Monsanto ließ Glyphosat in den 1970er Jahren patentieren. Es ist Hauptbestandteil von Roundup, dem meistverkauften Herbizid der Welt. Weil das Patent inzwischen abgelaufen ist, stellen auch Syngenta, Bayer und chinesische Konzerne das Agrogift her. In Deutschland landen jährlich im Durchschnitt rund 6000 Tonnen des Wirkstoffs Glyphosat auf mindestens 40 Prozent aller Ackerflächen.

Zur Superprofitquelle für Monsanto wurde Glyphosat jedoch erst durch die Erfindung der Gentechnik: Sprüht man ein Feld mit Roundup ein, sterben alle Pflanzen außer den genmanipulierten. Deutschland ist derzeit zwar frei davon, aber Gensoja aus Amerika ist hier seit 1996 als Kraftfutter für Tiere zugelassen. Monsanto-Lobbyisten drängen darauf, den EU-Markt im Rahmen der zwischen USA und EU verhandelten TTIP-Freihandelszone noch weiter für Gentechnik zu öffnen. Dass Monsanto dabei die US-Regierung wie seinen verlängerten Arm benutzt, belegen von Wikileaks veröffentlichte Depeschen. Danach wies das US-Außenministerium seine Diplomaten in rund 130 Ländern an, eine »aktive Biotech-Agenda« zu verfolgen. Der frühere US-Botschafter in Frankreich rief 2007 zu »Vergeltungsmaßnahmen« gegen die europäische Landwirtschaft auf, wenn die EU sich weiter gegen Gentechnik stelle.[111]

»Nervengift für Rinder«, nennt der Zoologieprofessor Sievert Lorenzen Glyphosat in mehreren Aufsätzen. Und weiter: »Praktisch wie bei der Entstehung jeder Krankheit sind auch bei der Entstehung von chronischem Botulismus verschiedene Faktoren beteiligt: Einer von ihnen, das Bakterium Clostridium botulinum, vollzieht den Ausbruch der Krankheit, die anderen Faktoren, vor allem Glyphosat, begünstigen ihn.« Der Professor spricht von einem »Glyphosat-Vergiftungs-Syndrom«.[112]

Chlostridium botulinum, das mit Botox eines der stärksten Gifte überhaupt produziert, ist in sehr geringem Umfang natürlicherweise im Boden vorhanden. In ihrer »Göttinger Erklärung« wiesen Tiermediziner schon im März 2010 auf den Verdacht hin, dass es sich in Biogasanlagen rapide vermehren könnte – es fühlt sich nämlich nicht nur in faulendem Fleisch wohl, sondern auch in gärender Pflanzenmasse. Das Bakterium wird verdächtigt, über das Ausbringen von Gärresten und Gülle Äcker und Weideflächen zu kontaminieren und so in den Futterkreislauf zu geraten. Glyphosat könnte wiederum dafür im wahrsten Sinn des Worts den Boden bereiten: Es könnte ›gutartige‹ Mikroorganismen im Bodenleben absterben lassen, so der Verdacht, wodurch sich dort pathogene Keime schneller ausbreiten können.

In etlichen betroffenen Betrieben wurde inzwischen Glyphosat nachgewiesen. Die Brüder Strohsahl und andere Bauern hatten ihre Kühe mit glyphosathaltigem Kraftfutter gefüttert. Hermann Bormanns Hof liegt in der Abluftfahne eines Kraftfutterwerks, in dem Gensoja verarbeitet wird. Im Urin des kranken Bauern Kuder stellte die Leipziger Professorin Monika Krüger 2,29 Mikrogramm Glyphosat pro Liter fest. Das ist das 229-Fache des Grundwasser-Grenzwerts für das Agrogift, der 0,01 Mikrogramm pro Liter beträgt. Wie viel Gift der Landwirt in seinem Körper hat, darüber sagt der Wert indes nicht viel aus, denn durch Trinken lässt er sich ›verdünnen‹. Zudem scheiden erkrankte Menschen oder Tiere weniger Gift aus, wenn ihre Nieren bereits geschädigt sind.

Da Monsanto Glyphosat in Werbebroschüren als »umweltfreundliche« Alternative zur bodenschädigenden Praktik des Pflügens anpreist, setzen Landwirte es in der Bodenbearbeitung ein, schwerpunktmäßig in nord- und ostdeutschen Großbetrieben. Auch so gerät es ins Stroh, Vieh- und Menschenfutter. Im bayerischen Chiemgau, wo die Rinderdichte genauso hoch ist wie im Norden, die Bauern aber fast kein Gensoja verfüttern oder es im Rahmen der ›Aktion Zivilcourage‹ sogar explizit boykottieren, gibt es dagegen kaum chronischen Botulismus. Gleichzeitig haben laut einer Leipziger Studie Kühe aus der Gegend fast kein Glyphosat im Urin.[113]

Glyphosat ist ein sogenannter Chelator, der lebenswichtige Spurenelemente wie Mangan und Selen im Organismus aus ihrer Bindung löst und damit ihre Ausscheidung im Urin erhöht. Das führt zu Mangelerscheinungen sowie einer »Kaskade von Wirkungen«, so der Tierarzt Achim Gerlach aus Dithmarschen.

»Wenn wir uns dieses Problems nicht annehmen, wird es in Deutschland bald keine Hochleistungs-Milchproduktion mehr geben«, warnt er. Weil Tiere Spurenelemente kaum mehr binden können, stehen sie mangelernährt, abgemagert und unfähig, zu trinken, vor ihren ›Kraftfuttertrögen‹, bis sie sterben.

Die Leipziger Mikrobiologin Monika Krüger sieht Glyphosat zumindest als »Mitverursacher«. Nach aktuellen Studien aus Leipzig und Übersee hat das über Genfutter aufgenommene Gift im Verdauungssystem von Hühnern, Kühen und wahrscheinlich auch Menschen fatale Folgen: Probiotische Bakterien werden gehemmt; Chlostridien, Salmonellen und andere Krankheitserreger nehmen dagegen zu. Weil Glyphosat zudem Darmschleimhäute angreift, werden Organismen mit den Erregern nicht mehr fertig.[114]

Bei Kühen aus konventionellen dänischen Ställen fand das Leipziger Team Glyphosat im Urin und gleichzeitig Mangan- und Kobaltmangel sowie Leber- und Nierenschäden.[115] Das Bundesinstitut für Risikobewertung wiegelte ab: Ein »kausaler Zusammenhang« lasse sich durch die Studie nicht belegen. Ein PR-Trick der Behörde: Diesen hatten die Forscher auch nicht behauptet, weil das mit dieser Studie gar nicht beweisbar wäre.

Monsanto in Blut und Urin

Das Leipziger Wissenschaftsteam testete auch mehrere hundert Land- und Stadtbewohner, Fleischesser und Veganerinnen – fast niemand war glyphosatfrei. Die Werte schwankten zwischen 0,5 und 2 Mikrogramm pro Liter Urin, wobei Konsumenten konventioneller Kost ungefähr dreimal so hohe Werte wie Bioesserinnen aufwiesen. Bei Biokonsumierenden müsste die Giftbelastung eigentlich bei Null liegen. Aber über Feldverwehungen oder andere Wege haben auch sie Spuren im Harn. In einer Studie fanden die Leipziger zudem heraus, dass chronisch kranke Menschen signifikant höhere Werte des Agrogifts im Urin aufwiesen als gesunde.[116] Möglicherweise führen glyphosatverursachte Mangelerscheinungen auch bei Menschen zu chronischen Krankheiten oder verstärken diese.

Millionen Deutsche nehmen Glyphosat auf – in konventionellem Fleisch, Milch, Milchprodukten, Eiern, Brot und anderen Getreideprodukten. Tiere werden mit Gensoja-›Kraftfutter‹ aus Argentinien, Brasilien, Paraguay und den USA gefüttert. Jeder Bundesbürger ›konsumiert‹ laut Naturschutzbund (NABU) auf diese Weise im Schnitt jährlich 60 Kilo genverändertes Soja.[117]

Eine Untersuchung des BUND vom Juni 2013 bestätigte: Fast die Hälfte aller Stadtbewohner in Europa hat Glyphosat im Körper. In Staaten mit intensiver Landwirtschaft – etwa Deutschland, Großbritannien und Polen – waren 70 Prozent der Menschen belastet.[118] Pilotstudien zeigen, dass Muttermilch in den USA mit bis zu 166 Mikrogramm Glyphosat pro Liter bis zu zehnmal höher belastet ist als der Urin von US-Bürgern (bis zu 18 Mikrogramm) und der Harn von Europäern (bis zu 2 Mikrogramm).[119]

Für Professor Sievert Lorenzen ein klarer Beweis, dass Monsantos Behauptung, Glyphosat werde schnell ausgeschieden und sich im Körper nicht akkumuliert, falsch ist: »Wer Glyphosat im Harn hat, hat es vorher im Blut gehabt. Damit ist bewiesen: Glyphosat kann die Schranke vom Darm zum Blutgefäßsystem und von dort zum harnbildenden Gewebe der Nieren überwinden. Wenn Glyphosat in Muttermilch vorkommt, muss es auch die Schranke zur Milchdrüse überwunden haben. Und wenn ein Liter Muttermilch zehnmal mehr Glyphosat als ein Liter Harn enthält, muss es vorher im Körper angereichert worden sein [...] Es scheint keine Stelle im Körper zu geben, an die Glyphosat nicht herankommen könnte, und wo es hinkommt, kann es Schaden anrichten.«[120]

Grenzwertige Grenzwerte

Genfutter wird beim Import fast nie kontrolliert. 2010 zogen die Behörden laut Antwort auf eine Anfrage der Bundestags-Grünen exakt sieben Glyphosat-Proben.[121] Die Initiative Testbiotech stellte im Oktober 2013 auf Sojafeldern in Argentinien eine Überschreitung des ohnehin schon sehr hohen Grenzwerts in sieben von elf Proben fest, der höchste Wert lag bei fast 100 Milligramm pro Kilo.[122]

Im Herbst 2012 fand die Zeitschrift Ökotest das Pflanzengift in 14 von 20 getesteten konventionellen Getreideprodukten, wie Mehl, Brötchen und Haferflocken. Wahrscheinliche Ursache: Seit 2006 erlaubt die EU die Sikkation von Getreide, Kartoffeln, Raps und Hülsenfrüchten durch Glyphosat. Den Grenzwert für dessen Gehalt in Getreide und Soja ließ die EU-Kommission 2012 massiv heraufsetzen, für Soja beträgt er nun stolze 20 Milligramm pro Kilo. Das zuständige Bundesinstitut für Risikobewertung wiegelt ab: Dass immer mehr Glyphosat gefunden werde, sei ›erwartbar‹ und kein Grund zur Sorge. Im Sommer 2015 wurde durch eine Kleine Anfrage der Bundestagsfraktion der Grünen bekannt, dass das Institut seine »wissenschaftliche« Überprüfung dieser »Ungefährlichkeit« unter anderem durch Leserbriefe von Monsanto-Mitarbeitern an die Fachzeitschrift »Food and Chemical Toxicology« belegte und diese als Quellen bzw. Studien ausgab.

Weil die Behörden ihrer Vorsorgepflicht nicht nachkommen, haben Betroffene ein großes Problem: Sie müssen eine Kausalwirkung beweisen – was ihnen niemals gelingen kann. Ein Wissenschaftler, der namentlich nicht genannt werden will, kommentiert: »In diesem Niedrigdosisbereich sind praktisch nie eindeutige Ursachen beweisbar. Deshalb können sich die Ämter aufs Nichtstun verlegen, solange es keine breite politische Bewegung dagegen gibt.« Das ist wie eine Schlange, die sich selbst in den Schwanz beißt: Weil es kaum unabhängige Untersuchungen gibt, behaupten Behörden, es gebe keinen Schadensbeweis, ergo kein Problem.

In seiner Werbeschrift »Agrardialog« behauptet Monsanto, Glyphosat sei »vermutlich der am besten untersuchte Herbizidwirkstoff überhaupt«. Es blockiert bestimmte wachstumsfördernde Enzyme bei Pflanzen, die aber bei Mensch und Tier nicht vorkämen; seine geringe toxische Wirkung sei in Hunderten von Studien nachgewiesen. Nach Darstellung der Journalistin Marie-Monique Robin sind unzählige Studien von Monsanto selbst bezahlt und zum Teil manipuliert worden[123] – etwa dadurch, dass Tests meist mit reinem Glyphosat und nicht mit den die Giftigkeit erhöhenden und die Zellmembran schädigenden Beistoffen durchgeführt wurden.[124] Besonders die Zusatzstoffe Tallowamine stehen im Verdacht, schwere Störungen bei der Zell- und Embryonalentwicklung sowie im Hormonsystem von Tieren und Menschen zu verursachen.

Unabhängige Forscher verweisen auf die vermehrten Fälle von Brust- und Prostatakrebs in den USA, seit Monsanto in den 1970er Jahren mit dem Glyphosat-Verkauf begann. Weil das Agrogift Störungen der Darmflora, der Enzymaktivitäten und des Sulfattransports verursache, sei es mitverantwortlich für den alarmierenden Anstieg von Depressionen, Herzkrankheiten, Fettleibigkeit, Autismus und Alzheimer.[125] Professor Lorenzen zählt zum ›Glyphosat-Vergiftungs-Syndrom‹ auch »Leber- und Nierenschäden, Eierstockkrebs, Brustkrebs, Lymphdrüsenkrebs, Magenkrebs, Prostatakrebs, Nervenschäden, Chromosomenschäden, Verringerung von Zahl und Qualität von Spermien, Unfruchtbarkeit von Mann und Frau und – während der Schwangerschaft – Missbildungen von Gehirn, Rückenmark und Skelett des Ungeborenen, das deshalb tot oder missgebildet geboren wird. All diese Schäden sind auch vom Vieh bekannt.«[126]

Andere Untersuchungen machen Glyphosat und AMPA für das weltweite Amphibiensterben mitverantwortlich. Wieviel Gift sich in hiesigen Gewässern befindet, weiß niemand, weil es nicht gemessen wird. In einer US-Studie war es in 70 Prozent aller Proben des Regenwassers, 50 Prozent der Bäche und 20 Prozent der Seen nachweisbar.[127] Es regnet Monsantogift.

Der Bundesrat sprach sich im November 2013 auf Druck mehrerer rotgrüner Landesregierungen für ein Verbot der Anwendung von Glyphosat in Haus- und Kleingärten sowie bei der Vorerntetrocknung von Getreide aus. Das Bundesamt für Verbraucherschutz untersagte im Mai 2014 die vor allem in Ostdeutschland übliche Sikkation, ließ dabei aber Schlupflöcher.

Innerhalb der EU ist die Bundesregierung zuständig für die 2015 anstehende Neubewertung des Herbizids. In einem öffentlichen Fachgespräch im Bundestagsausschuss für Ernährung und Landwirtschaft Anfang Juli 2014 befürworteten die zuständigen Behörden seinen weiteren Einsatz. Es weise eine »relativ geringe Toxizität« auf, so Roland Solecki vom Bundesinstitut für Risikobewertung. Schädliche Effekte durch Kombination mit Tallowaminen würden entschärft, denn deren Zulassung laufe 2014 aus. Die von Menschen aufgenommenen Glyphosatmengen würden »unter den Grenzwerten« liegen, die erlaubte Tagesdosis könne sogar erhöht werden. »Die Landwirte sind gut ausgebildet in Fragen der Anwendung von Pflanzenschutzmitteln«, ergänzte Gerhard Gündermann, Vizepräsident des Julius-Kühn-Instituts. Nicht einmal Maria Krautzberger, Präsidentin des Umweltbundesamts, das unter den Behörden lange Zeit noch als die kritischste galt, mochte sich für ein Verbot starkmachen, denn »im Vergleich zu den zur Verfügung stehenden Mitteln ist es akzeptabel«.[128]

Trotz der abwiegelnden Haltung aller Behörden bestehen immer noch Chancen, dass das Gift verboten wird, wenn die EU-Zulassung 2015 ausläuft – aber nur, wenn genug öffentlicher Druck entsteht. Die öffentliche Aufmerksamkeit hat sich erheblich verstärkt, seit die Krebsforschungseinrichtung der Weltgesundheitsorganisation (WHO) im März 2015 Glyphosat als »wahrscheinlich krebserregend für Menschen« einstufte.

Damit ist den in Bad Fallingbostel versammelten schwer getroffenen Landwirten allerdings noch nicht geholfen. Sie fordern weiterhin ein Vermarktungsverbot für botulismuskranke Tiere, eine gewissenhafte Verbraucheraufklärung sowie einen Entschädigungsfonds. Und vor allem verlangen sie, nicht alleingelassen zu werden mit ihren existenziellen Problemen – die jederzeit auch weitere Menschen treffen können.

Bienensterben

Bienen sind wunderbare Wesen. Sie tanzen miteinander, sie kommunizieren und verabreden sich. Sie finden neue Wege, wenn alte blockiert sind, und teilen sich gegenseitig ihre Erfahrungen mit. Und das alles ohne Großhirn und zentrale Steuerung. Sie bilden einen ebenso geheimnisvollen wie großartigen Superorganismus, der in faszinierender Weise kollektive Intelligenz produziert.

Wie irre muss man eigentlich sein, es zuzulassen, dass immer mehr Bienenvölker ausgerottet werden? Wenn man dazu noch weiß, dass sie gratis für einen Großteil unserer Lebensmittel sorgen? Sie bestäuben über 70 der rund 100 Pflanzen, die

die Welternährung sichern, vor allem Obst und Gemüse, aber auch Futterpflanzen fürs Vieh. Den ökonomischen Wert ihrer Bestäubungsleistung in Deutschland schätzt die Universität Hohenheim auf rund 2,5 Milliarden Euro. Das Helmholtz-Zentrum kommt bei der Berechnung ihrer weltweiten Leistung auf 153 Milliarden Euro pro Jahr – ein Zehntel des Werts der Weltnahrungsproduktion.[129]

2007 und 2008 verendeten in den USA mindestens ein Drittel aller Bienenvölker. Auch 2014 waren die Verluste so schlimm, dass US-Präsident Obama eine Bienen-Task-Force ins Leben rief.[130] Ähnliche Zahlen werden aus Europa vermeldet. Im Winter 2002/2003 gab es in Deutschland besonders hohe Verluste, und 2008 registrierten Imker am Oberrhein mit dem Tod von fast 12 000 Völkern ein flächendeckendes Bienensterben. Das im Anbau von Energiemais oft benutzte Saatbeizmittel Clothianidin von Bayer, das zur Klasse der Neonicotinoide gehört, schädigt Brut, Gedächtnis, Orientierungssinn und Temperaturregelung der Bienen; sie zittern und sterben im Stock.[131]

Das weltweite Bienensterben hat mehrere Ursachen, wozu auch Nahrungsmangel in Monokulturwüsten zählt, aber Pestizide spielen mit Sicherheit eine große Rolle. Dennoch ließ eine große Studie mit Bundesregierungs- und Industriebeteiligung die Ackergifte als Ursache bewusst außen vor. Sie ist ein Musterbeispiel für bestellte wissenschaftliche ›Wahrheiten‹. Das Monitoring war laut BUND-Pestizidexperte Tomas Brückmann von vornherein darauf angelegt, die Varroamilbe als Hauptbienentöter auszumachen. Kritische Literatur blieb außen vor; der Projektbeirat bestand zur Hälfte aus Chemielobbyisten, etwa von BASF, Bayer CropScience und Syngenta. Entsprechend lautete das Ergebnis: »Mit Sicherheit« sei »*Varroa destructor* der dominante Killer von Honigbienen im Winter«.[132]

Jean-Marie Bonmatin vom französischen Forschungsinstitut CNRS machte 2009 darauf aufmerksam, dass die Neonicotinoide Clothianidin und Imidacloprid für Bienen mehr als 6000- bis 7000-mal so giftig sind wie DDT. Die besondere Anfälligkeit von »Superorganismen« wie Bienenstaaten hätte eigentlich zu besonderer Sorgfaltspflicht bei der Zulassung führen müssen; dies sei aber trotz frühzeitigem Wissen der Hersteller nicht geschehen.[133] Inzwischen kam jedoch selbst die Europäische Lebensmittelsicherheitsbehörde EFSA Anfang 2013 zum Ergebnis, dass eine Neubewertung der Neonicotinoide nötig sei. Einzelne EU-Mitgliedsstaaten verboten danach die Mittel; in Deutschland wurde der Gebrauch von dreien ›eingefroren‹.

Hormongifte

Eine Podiumsdiskussion in einem nüchternen Raum der Berliner Bundespressekonferenz im Juli 2014. Es geht um hormonschädigende Pestizide und Chemikalien. Die EU-Kommission soll Kriterien für die Identifizierung und mögliche Verbote dieser hochgefährlichen Stoffe erarbeiten, die Chemiekonzerne möchten Verbote über Ausnahmeregelungen verhindern. Der Verband der Chemischen Industrie hat dazu ein Papier mit »Botschaften und Forderungen« ausgelegt. »Über die Umwelt und Nahrung nehmen wir täglich hormonell wirksame Substanzen auf«, heißt es darin. »Pflanzenhormone finden sich zum Beispiel in Soja, einigen Gemüsesorten, Kaffee, Bier und Rotwein.« Ach so, Soja und Kaffee will die EU verbieten, oder wie?

Der Lobbyistenverband verkörpert sich im schmallippigen Lächeln von Dr. Gerd Romanowski auf dem Podium, daneben die CSU-Bundestagsabgeordnete Anja Weisgerber, die sich als »Mutter von zwei kleinen Kindern« vorstellt, um ihre Besorgniskompetenz herauszustellen. Und was sagt die Dame gleich im dritten oder vierten Satz? »Im Soja und Kaffee haben wir ja auch Pflanzenhormone.« Und der Herr vom Bundesinstitut für Risikobewertung? Soja habe ja auch einen »Einfluss auf das Hormonsystem«.

Soweit zum Niveau sogenannter Expertenrunden. Soja und Kaffee mit Supergiften gleichzusetzen, ist schlicht Irreführung der Öffentlichkeit.

Täglich nehmen wir, ohne es zu wissen, Dutzende von hormonell wirksamen Pestiziden und Chemikalien zu uns, sogenannte endokrine Disruptoren, abgekürzt EDC. In konventionell angebautem Obst und Gemüse findet sich nicht selten ein Chemiecocktail von 20 bis 40 verschiedenen Pestiziden. Derzeit sind in Europa mehr als 40 hormonaktive Pestizide im Einsatz.[134] Diese Disruptoren wirken bereits in sehr niedrigen Dosen von Billionstel Gramm, jener Niedrigdosisbereich wird aber praktisch nicht erforscht und ist auch kaum erforschbar.

Besonders hoch ist das Risiko für Ungeborene und Kinder. In der Gebärmutter laufen milliardenfach fein abgestimmte Schritte ab, wenn sich ein befruchtetes Ei zum Baby entwickelt. Körpereigene Hormone spielen dabei eine Schlüsselrolle. Deshalb können solche Chemikalien hier besonders wirksam sein.

Die entstehenden Krankheitsbilder sind dabei sehr unterschiedlich: Tumoren, Stoffwechselstörungen und Übergewicht, Unfruchtbarkeit, verfrühte Menstruation, Herz-Kreislauf-Probleme, neurologische Gedächtnis- und Aufmerksamkeitsstörungen. »Manche dieser Effekte sind im Tierversuch bis in die zweite und dritte Generation erkennbar, auch wenn die Nachkommen selbst den endokrin wirksamen Chemikalien gar nicht ausgesetzt waren«, schreibt PAN Europe.[135] Die Gifte könnten bis in die dritte Generation der Urenkel Schäden anrichten, so das Deutsche Ärzteblatt.[136]

Das Fungizid ›Prochloraz‹ etwa, dessen Rückstände auf Erdbeeren, Orangen, Äpfeln, Paprika, Bohnen und Blumenkohl gefunden wurden, steht im Verdacht, Störungen der Schilddrüsenhormone zu verursachen. Männliche Nachkommen von Versuchstieren verweiblichen, Geschlechtsorgane entwickeln Fehlbildungen. Bei dänischen Gärtnerinnen, die dem Fungizid in Gewächshäusern ausgesetzt waren, wurde Ähnliches beobachtet. Wer im Embryonalstadium Spuren von Prochloraz abbekommen hat, kann im späteren Leben Verhaltensstörungen entwickeln. Dennoch hat die EU-Kommission das Pestizid Anfang 2012 für weitere zehn Jahre im Ackerbau genehmigt.[137]

Die US-Biologin Theo Colborn, heute Präsidentin der von ihr gegründeten Wissenschaftsplattform »The Endocrine Disruption Exchange« (TEDX), erkannte Anfang der 1990er Jahre als erste diese Zusammenhänge. DDT kann solche Schäden hervorrufen, aber auch das Allerweltsgift Bisphenol A. Solche hormonaktiven Supergifte bringen auch die Tierwelt massiv durcheinander. Froschmännchen entwickeln weibliche Geschlechtsorgane, Fische mit Hoden produzieren Eier, die Penisse von Schildkrötenmännchen verkümmern.[138] Männliche Forellen im Abflussbereich von Kläranlagen entwickeln Vorstufen von Eidotter. Weiblichen Meeres- und Süßwasserschnecken wächst ein Penis, Männchen werden unfruchtbar. Auch Vögel verweiblichen zunehmend, etwa Möwen oder Seeschwalben in den USA. Ringelrobben, Kegelrobben und Seehunde haben Gebärmutterverschlüsse.[139] Hirsche und Antilopen zeigen missgebildete Hoden mit beeinträchtigter Spermienbildung. Eisbären werden zwittrig, haben kleine Hoden und verringerte Überlebensraten ihrer Jungen.[140]

Vor der Wirkung dieser Supergifte, die über Ausscheidungen bis ins Grund- und Trinkwasser gelangen, sind auch wir nicht sicher. »Schäden wie Hodenhochstand bei der Geburt sowie verringerte Spermienzahl und Hodenkrebs im späteren Leben finden sich auch beim Menschen«, schreibt der BUND.[141]

»Endlich! Dioxin verweiblicht Männer«, vermeldete die taz in einer zynischen Schlagzeile.[142] Männer werden impotent und unfruchtbar, ihre Spermienzahl verringert sich, ›Kinderwunschkliniken‹ sind überlaufen. Chemiker seien von ›Allmachtsgefühlen‹ getrieben, so ihr Kritiker Hermann Fischer. Nun werden sie selbst von Impotenzen eingeholt. Ist das die Rache der Natur am menschlichen Patriarchat?

Aber das würde Herr Dr. Gerd Romanowski vom Verband der Chemischen Industrie auf dem Berliner Podium niemals zugeben. Er sitzt da, der Schlips ebenso schmal wie der Mund, die Glatze glänzt.

Volksabstimmung für eine pestizidfreie Gemeinde: Der Apotheker Johannes Fragner-Unterpertinger aus Mals in Südtirol berichtet

In der Südtiroler Gegend des intensiven Obstanbaus, also besonders im Unter- und Mittelvinschgau, wird oft von März oder noch früher bis in den späten September hinein massiv mit Pestiziden gearbeitet und gespritzt. Dieser Intensiv-Obstanbau nähert sich nun der Gemeinde Mals mit ihren etwa 5000 Einwohnern, und das macht uns besorgt. Bei vielen Pestiziden besteht der wissenschaftlich nachweisbare Verdacht, dass sie krebserregend, hormonstörend und erbgutschädigend sind.

Gleichzeitig weht an etwa 300 Tagen im Jahr ein konstanter Nordwind über die Malser Haide, der berüchtigte Vinschger Oberwind. Die Folge: Pestizide werden kilometerweit verfrachtet, bis hinein in Gärten, auf Schulhöfe und Spielplätze. Und natürlich auf Felder, auch auf die biologisch bewirtschafteten, denn bei uns sind die Grundparzellen sehr klein. Man kann die Fenster fast nicht mehr öffnen, weil man nicht weiß, wer wann wo wie was spritzt.

In den Gegenden des intensiven Obstanbaus werden an manchen Jahren bis zu 60 Kilogramm Pestizide pro Hektar eingesetzt, das ist extrem viel. In Deutschland sind es durchschnittlich neun Kilogramm pro Hektar. Und es werden im Lauf des Jahres verschiedene Pestizide und Pestizidklassen eingesetzt, deren Rückstände auf Äpfeln gefunden wurden. Als Einzel-Rückstände sind diese behördlich erlaubt, aber die Wirkung solcher Giftcocktails ist völlig unbekannt. Man muss viele Langzeitschäden vermuten, auch bei Embryonen und Kleinkindern. Höhere Unfruchtbarkeit und höhere Krebsraten sind in der Gegend des intensiven Obstanbaus feststellbar.

Menschen sind mit verschiedenen Krankheitsbildern ins Spital eingeliefert worden, immer wieder auch Kinder mit Atemnot. Die Ärzte aber sagen: Wie soll ich beweisen, dass ein Pestizid der Auslöser war, es kann auch eine sonstige Allergie sein. Anwälte sagten uns: Selbst wenn ihr drei Zeugen, einen Videofilm vom Spritzgeschehen und Bodenproben beibringt, habt ihr nur eine etwa 30-prozentige Chance, dass ein Untersuchungsrichter tätig wird, sonst nicht.

Wir haben immer wieder versucht, mit den Obstbauern zu reden, die, vom Unteren und Mittleren Vinschgau kommend, mit ihrem Pestizid-Obstbau immer höher ziehen. Und sie versprühen nicht nur ihre Pestizide, sondern verändern auch die Landschaft massiv, reißen Hecken meist aus, anstatt Hecken zu pflanzen. Sie intensivieren so das Artensterben. Botanisch gesehen, ist die Gegend des intensiven Obstanbaus eine Monokulturwüste, es gibt kaum noch Schmetterlinge.

Als Ende März 2012 erneut Gespräche etwa mit dem Bauernbund scheiterten, entstand die Idee einer Volksabstimmung für eine pestizidfreie Gemeinde, die nun einschließlich Briefwahlmöglichkeit vom 22. August bis zum 5. September 2014 stattfand. Das Ergebnis könnte kaum deutlicher sein: Bei einer sensationellen Wahlbeteiligung von beinahe 70 Prozent stimmten mehr als drei Viertel der Wählerinnen und Wähler gegen den Einsatz von Ackergiften im Gemeindegebiet und für eine pestizidfreie Zukunft.[143]

Im Juli 2013 verfassten 20 Ärzte- und Zahnärztinnen, acht Tierärzte, sieben Apothekerinnen und 15 Biologen aus dem Einzugsgebiet Obervinschgau ein »Manifest zum Schutz der Gesundheit und für den nachhaltigen Umgang mit Boden, Wasser und Luft.« Dieses Manifest hat unglaublich zur Sensibilisierung der örtlichen Bevölkerung und zur Aufrüttelung der ganzen Südtiroler Gesellschaft beigetragen.

Da ich mich seit mehr als 20 Jahren umweltpolitisch und kulturell engagiere, unter anderem mit der Veranstaltungsreihe »Literatur an der Grenze«, kennen und unterstützen mich und unser Promotorenkomitee viele Leute. Aber es gab auch viele Anfeindungen. Unser Familiengrab wurde geschändet, unser Garten verwüstet, es gab verbale Attacken. Ich bekam eine Zeitlang Polizeischutz. Andererseits hat unser »Komitee für eine pestizidfreie Gemeinde« den »Ilse-Waldthaler-Preis für Zivilcourage 2014« bekommen, und die Gemeinde Mals erhielt einen »Dorferneuerungspreis der EU«, wo besonders auf eine zukünftige pestizidfreie Gemeinde Mals hingewiesen wird.

Mir geht es ein bisschen wie Luther, der auf dem Wormser Reichstag abschwören soll und sagt: »Hier stehe ich – ich kann nicht anders.« Ich bin Vater von drei Töchtern und möchte jeden Morgen mit gutem Gewissen in den Spiegel schauen können. Einer vom Promotorenkomitee muss den Kopf hinhalten, das bin in dem Fall ich als Sprecher. Und eines weiß ich auch: Heute gelten wir als grüne Spinner, aber in zehn Jahren werden sie uns Propheten nennen. Denn mit den Pestiziden vergiften wir unsere Zukunft. Im wörtlichen und im übertragenen Sinn.

Lösungen

Wenn Sie als Lesende bis hierher durchgehalten haben, dann haben Sie vielleicht – ähnlich wie die Autorin – das körperliche Gefühl, das viele Gift loswerden zu wollen. Aber wäre eine pestizidfreie Welt überhaupt möglich? Könnten die Biester und Bestien, die uns die Ernte wegfressen, allein mit biologischen Mitteln in Schach gehalten werden? Würde die Menschheit mit Ökolandbau allein genug zu essen haben? Die fröhliche Antwort: Ja, das ist machbar! Eine enkeltaugliche Landwirtschaft ist möglich und macht Boden gut. Es ist genug für alle da.

Werfen wir zunächst einen Blick in hiesige Biohöfe, bevor wir trockene Studien zur Welternährung wälzen. Im Sommer gedeihen Schlangengurken in den Gewächshäusern des brandenburgischen Demeterhofs ›Apfeltraum‹. Tomaten wachsen himmelwärts, alte Sorten mit einem Farbenspiel ohnegleichen: kleine rote Früchte, große gelbe, dunkelrote mit orangenen Streifen, auberginenfarbene, fast schon schwarze, runde, birnenförmige, rosafarbene Berner Rosen oder gelbe Ochsenherzen mit viel Fleisch. Sie schmecken sehr individuell und fast ausnahmslos intensiv: süß, säuerlich, fest, weich. Ein Fest der Sinnes- und Gaumenfreude.

In den Gewächshäusern haben die Gärtner zwei Hummelvölker ausgesetzt, die die Gurken- und Tomatenblüten befruchten sollen. Aber weil Gurken so gut wie keine Pollen haben, haben sie auch nektarreiche Blumen gesät. »Damit die Hummeln Freude am Leben haben«, sagt einer von ihnen, »und ein Glücks- und Erfolgsgefühl«. Auch an den Rändern der Kartoffel- und Getreidefelder blühen Sonnen- und andere Blumen als Nahrungsquelle für Honig- und Wildbienen sowie Hummeln.

Die zwanzigköpfige Hofgemeinschaft tut sehr viel, um die natürliche Artenvielfalt zu erhalten. Erstens aus reiner Freude an allem, was da kreucht und fleucht, und zweitens, weil die Kreucher und Fleucher gegen die Zunahme unerwünschter Fresser schützen. Deshalb bieten die menschlichen Bewohner deren Gegenspielern Lebensraum an. Zum Beispiel wird in einem Teil des Gartens Gründüngung gesät: Klee, Phacelia, Sonnenblumen, Buchweizen und Gras. Diese Pflanzen sind nützlich für Insekten und dienen dem Boden als ›Futter‹, lockern ihn, schützen ihn vor dem Austrocknen und stellen wichtige Nährstoffe zur Verfügung, wenn sie verrotten. Dort summt und brummt es, was wiederum viele Vögel anzieht, die sich an den Insekten laben.

Gegen Wühlmäuse helfen Holunderzweige, die man in deren Löcher steckt. Gegen Nacktschnecken helfen Laufenten, die – wohl als einzige Lebewesen weit und breit – diese Biester zum Fressen gern haben. Zu viele Käfer einer Sorte picken die Hühner weg oder auch die Spatzen und andere Wildvögel. »Vögel sind unsere Helfer«, strahlt Gärtner Erik, »es ist eine große Freude, wenn man mit Tieren zusammenarbeiten kann.«

Die Unterteilung in ›Nützlinge‹ und ›Schädlinge‹ ist solch einem Denken fremd. Erstens, sagen Demetergärtner, sind ›Unkräuter‹ und ›Schädlinge‹ immer auch Zeigerlebewesen: Sie zeigen, dass es einem Feld nicht wirklich gut geht, dass es ein zu beseitigendes Defizit gibt. Zweitens ist alles relativ: Im Sauerampfer, den die Hofgemeinschaft als Küchenkraut anbaut, gilt der Ampferblattkäfer zwar als ›Schädling‹, aber auf ihrem Getreidefeld ist er ein ›Nützling‹, frisst er doch ein mit dem Weizen konkurrierendes Kraut weg. Wenn man beginnt, in ökologischen Zusammenhängen zu denken, schützt das zwar nicht prinzipiell vor Fraßangriffen – auch Bioäcker sind fragile Felder. Aber man kommt auf neue Lösungen, die sehr viel lustvoller sind als die kriegerische ›Schädlingsbekämpfung‹.

In den Demeter-Gewächshäusern in ›Almas Garten‹, wenige Kilometer entfernt, zeigt die Paprika, welche Farben sie leuchten lassen kann: grün, gelb, orange, rot, bis hin zu fast schwarz. Vielfalt statt Einfalt. Die Früchte schmecken köstlich, süß und intensiv.

Paprikapflanzen munden auch Blattläusen, und Gärtnerin Alma erklärt das auch vom Hof Apfeltraum praktizierte Prinzip, wie sie in Schach gehalten werden: Im Frühjahr werden Läuse in mühevoller Arbeit extra auf Getreide angezüchtet, damit die bei einem Biospezialhandel bestellten Schlupfwespen bei ihrer Ankunft etwas zu fressen haben. Die Wespen schwirren im Gewächshaus herum und legen ihre Eier in die Blattläuse, die sie finden; ihre Larven fressen die Läuse von innen auf. Gegen bestimmte Pilzarten, etwa Sklerotinia, helfen andere Pilze, zum Beispiel Coniothyrium minitans. Gegen Spinnmilben, die manchmal Gurken befallen, helfen wiederum Raubmilben. Bloß gegen den Waschbären, der sich im Sommer immer am Mais gütlich tut, hilft nur noch ein Elektrozaun.

Wie man mit biologischen Mitteln gegen unerwünschte Mitesser vorgeht, wusste schon Rachel Carson, die im letzten Kapitel ihres »Stummen Frühlings« Beispiele dafür aufführt. Inzwischen ist das Wissen weiter gewachsen – und könnte noch viel größer sein, wenn die weltweite Unterfinanzierung der Erforschung solcher Biomethoden aufgegeben würde. Das von PAN geförderte Netzwerk OISAT hat etliche Möglichkeiten für die Tropen zusammengetragen.[144]

Ein Pionier auf diesem Gebiet war der Schweizer Insektenforscher Hans-Rudolf Herren, der seit 1979 am ›International Institute of Tropical Agriculture‹ in Nigeria arbeitete. In Westafrika verheerte gerade die aus Lateinamerika eingeschleppte Schmierlaus den Maniok, das Grundnahrungsmittel für rund 200 Millionen Menschen. Die eingesetzten Pestizide hatten kaum Erfolg. Herren machte sich auf, nach natürlichen Feinden der Schmierlaus zu suchen, und fand in Paraguay drei Arten, darunter eine kleine Schlupfwespe. Er testete sie in Afrika unter strengen Quarantänebedingungen und setzte sie in einem großangelegten Programm ab 1986 in den Maniokgebieten von Senegal über Angola bis nach Madagaskar frei, manchmal mit dem Flugzeug, bis zu 2000 Wespen pro Sekunde. Der Erfolg war durchschlagend: 1993 hatte sich in 30 Ländern ein Gleichgewicht zwischen Schlupfwespen und Schmierläusen eingependelt, die Läuseplage war unter Kontrolle. Herren rettete damit wahrscheinlich an die 20 Millionen Menschen vor dem Hungertod.[145]

1995 wurde er hierfür mit dem Welternährungspreis ausgezeichnet. Mit dem Preisgeld gründete er die gemeinnützige Organisation ›Biovision‹, die solche Methoden fördert. Seit 1994 forschte er im ›International Centre of Insect Physiology and Ecology‹ (ICIPE) in Kenia an weiteren Biomitteln, etwa Fallen aus blauem Tuch und Kuh-Urin, die Tsetsefliegen anlocken, Duftstoffen, die Heuschreckenschwärme durcheinanderbringen, oder an der am ICIPE in jahrelanger Arbeit entwickelten, raffiniert einfachen ›Push-and-Pull‹-Methode, die die Ernten von rund 50 000 kleinbäuerlichen Familien zum Teil verzehnfachen konnte.

Diese bauen nun Desmodium in ihren Maisfeldern an. Das Bohnengewächs verdrängt durch seine kräftigen Wurzeln das lästige Striga-Kraut und wehrt den maisfressenden Stängelbohrer durch seinen Geruch ab (*push*). Das Insekt flüchtet auf das Elefantengras, das sie rund ums Feld anpflanzen, seine Larven bleiben dort kleben (*pull*). Die nahrhaften Pflanzen werden schließlich dem Vieh gefüttert, das wiederum mehr Milch gibt.[146] 2013 erhielt Hans-Rudolf Herren für seine Arbeiten den Alternativen Nobelpreis.

Manche Käfer könnten des Menschen liebster Freund werden, etwa jener, der *Ambrosia artemisiifolia* ratzekahl frisst. Die Pflanze ist gefürchtet, weil ihre Winzpollen denkbar schlimme allergische Reaktionen auslösen können; zudem scheint sie gegen alle Herbizide gefeit zu sein; sie hat europaweit Äcker und Straßenränder erobert. Doch der kleine Ambrosia-Blattkäfer liebt Ambrosia so sehr, dass er nichts von ihr übriglässt.[147]

Bläulinge. Scheckenfalter. Kleine Wiesenvögelchen. Schwalbenschwänze. Federweißchen. Dickkopffalter: Im Forschungsweinberg ›Mythopia‹, idyllisch gelegen zwischen den blauen Viertausendern des Schweizer Wallis, flattert und flirrt es überall zwischen den Reben. Biologe Claudio Niggli vom Ithaka-Institut hat hier rund 50 tagaktive, andernorts zum Teil höchst selten gewordene Schmetterlingsarten gezählt, und über 150 verschiedene Wildpflanzen. Ein Beweis dafür, wie rasant die Biodiversität wieder ansteigt, wenn man der Natur eine Chance gibt. Einer britischen Metastudie zufolge ist das der Regelfall im Ökolandbau, denn dieser erhöht die Artenvielfalt im Schnitt um rund ein Drittel.[148]

Im schweizerischen Kanton Wallis finden Schmetterlinge Kost bei Luzernen und Blumen, die zwischen Reben gepflanzt werden; Insektenhotels bieten Wildbienen und Schlupfwespen Logis, die zum Dank für die freundliche Einladung Plagegeister aus den benachbarten Weinmonokulturen verspeisen. Projektchef Hans-Peter Schmidt hat sein Institut »Ithaka« getauft, in Erinnerung an Odysseus' gleichnamige Heimatinsel. »Ithaka steht für die Sehnsucht der von der Landwirtschaft vertriebenen Schmetterlinge, Bienen, Libellen, Gottesanbeterinnen, in absehbarer Zeit wieder ihre angestammten Lebensräume in den Weinbergen, Wiesen und Feldern zu bewohnen«, heißt es auf der Website des Instituts.[149]

Hans-Peter Schmidt ist zugleich ein Pionier der Wiederentdeckung von Terra Preta, die die positiven Effekte des Ökolandbaus noch wesentlich verstärken könnte – in den Tropen noch mehr als hierzulande. Die Schwarzerde, wie ›Terra Preta‹ aus dem Portugiesischen übersetzt heißt, kann in jedem Komposthaufen aus organischem Abfall, Milchsäurebakterien und Pflanzenkohle hergestellt werden. Terra Preta lässt Dauerhumus wachsen, erhöht die Wasserspeicherfähigkeit von Böden und entzieht der Atmosphäre indirekt Kohlendioxid, indem es dieses in Form von Pflanzenkohle dauerhaft unter die Erde bringt. Einer Schätzung von McKinsey & Company von 2009 zufolge wäre das die billigste Möglichkeit zur Bekämpfung des Klimawandels, gleichzeitig würden die Bauern mehr und besser ernten. Nach Angaben der Wissenschaftszeitung »Nature« könnten die Treibhausemissionen damit innerhalb des nächsten Jahrhunderts um bis zu 130 Gigatonnen gesenkt werden.[150]

Die Terra-Preta-Technik ist auch fürs Stadtgärtnern wunderbar geeignet. Das ökologische ›Avant-Gardening‹ in den Citys ist inzwischen zur globalen Graswurzelbewegung geworden – von New York und Detroit über Mexico City, Havanna, Belo Horizonte, London, Berlin, Nairobi, Johannesburg bis nach Moskau, Seoul und Shanghai.[151] Viele Beteiligte handeln aus politischem Protest gegen agroindustrielle Einöden, tierquälerische Fleischfabriken und Agrogifte. Andere experimentieren mit ökologischer Kreislaufwirtschaft, beispielsweise mit ›Aquaponik‹, wie eine kombinierte Fisch-Gemüse-Zuchttechnik heißt. Wieder andere bauen aus schierer Not Ökonahrung an, etwa in Kuba, wo nach dem Zusammenbruch der Sowjetunion Öl- und Kunstdüngerlieferungen ausblieben, was den Bioanbau aufblühen ließ. Urbanes Gärtnern ist auf jeden Fall ein globaler Trend, Teil einer epochalen Transformation, und wird in den kommenden Jahrzehnten rasant weiter wachsen. Und Ökobau garantiert eine dauerhaft hohe Produktivität auf Kleinflächen in Städten – auf Dachterrassen und Balkonen, in interkulturellen Gemeinschafts- oder Permakulturgärten oder auch in Erzeuger-Verbraucher-Gemeinschaften.

Letztere gehören zur ›solidarischen Landwirtschaft‹, die in Deutschland, Frankreich, den USA und Japan um sich greift. Kunden schießen Ökohöfen einen ausgehandelten Betrag vor, der die Aussaat finanziert, Bauern vor Ernteausfällen und Gärtnerinnen vor Launen des Markts schützt; im Gegenzug bekommen sie die Ernte in wöchentlichen Gemüsekisten. In Japan heißen die Solidarhöfe ›Teikei‹. »Lebensmittel schenken Leben und halten uns gesund. Jedes Lebensmittel ist einzigartig. Ich kümmere mich um 100 verschiedene Arten Leben«, erzählt Teikei-Bauer Yoshinori Kaneko, der auf drei Hektar in einem Jahr etwa 100 Obst- und Gemüsesorten kultiviert, in Marie-Monique

Robins Film »Zukunft pflanzen«. Seine ›Teikei‹ kann von 1000 Quadratmetern Anbaufläche etwa zweieinhalb Personen ernähren. Das ist sensationell viel: mehr als das Fünffache der Agroindustrie, die in nördlichen Ländern im Schnitt für eine Person rund 2700 Quadratmeter braucht und in südlichen etwa 1700. Weltweit sind ungefähr 2000 Quadratmeter Ackerfläche für die Unterhaltung eines Erdenmenschen nötig.

Permakultur und symbiotische Landwirtschaft

Einen ebenso umfassenden Ansatz bietet die Permakultur. Die beiden Australier Bill Mollison und David Holmgren beobachteten bereits Mitte der 1970er Jahre, wie die Agroindustrie mit ihren Monokulturen und Pestiziden Boden wie Wasser verschmutzte und Arteneinfalt produzierte. Sie beschäftigten sich mit den Kreisläufen des Biolandbaus und entwickelten daraus die Prinzipien der *permanent agriculture*, kurz: *permaculture* – auf Deutsch: ›Permakultur‹. Zunächst ging es ihnen nur um dauerhafte und widerstandsfähige Agrosysteme in Einklang mit den Umweltbedingungen und den Bedürfnissen der Nutzenden, später immer mehr auch um soziale und ökonomische Aspekte im Sinn einer *permanent culture*, einer nachhaltig lebensfördernden Kultur. Denn ihre Prinzipien lassen sich auch auf Architektur, Stadtplanung, solidarische Ökonomie oder Softwareentwicklung anwenden. Auch die weltweite Transition-Town-Bewegung, die Städte und Gemeinden lustvoll und sozial auf das postfossile Zeitalter vorbereiten will, wurde von einem Permakultur-Designer gegründet, dem Engländer Rob Hopkins.

In permakulturellen Systemen können Pflanzen und Tiere in einem dynamischen Gleichgewicht so zusammenleben, dass sie sich mit wenig Energie- und Ressourceneinsatz gegenseitig stützen. Beispiele dafür sind Kräuterspiralen, ›Sonnenfallen‹ in Gärten und Häusern zum Einfangen von Wärme, oder die Haltung von Tieren als Gartenhelfer: Laufenten fressen die Schnecken weg, Gänse oder Schafe halten Gras kurz und düngen es.

In solchen sich spiralförmig weiterentwickelnden Systemen gedeiht Biodiversität. ›Schädlinge‹ und ›Unkräuter‹ werden nutzbringend in Kreisläufe integriert, Brennnesseln werden zum Beispiel zu Jauche, Tee oder Salat verarbeitet. Es sei eine »Ironie der Geschichte«, schreibt David Holmgren in seinem Buch »Permakultur«, dass man in heutigen Zeiten die »unliebsame Fülle an pflanzlichen und tierischen Schädlingen« beklage und sich gleichzeitig so viele Sorgen mache über den »Niedergang der sich selbst regenerierenden Fülle der Natur«.[152]

Die Ethik der Permakultur gründet auf drei Prinzipien: achtsamer Umgang mit der Erde (*earth care*), Selbstbestimmung und gerechter Zugang zu Ressourcen für alle Menschen (*people care*) und Selbstbegrenzung von Konsum und Wachstum zugunsten kommender Generationen (*fair share*). Also nachhaltige Optimierung statt kurzfristige Maximierung.

Der Österreicher Sepp Holzer hat ähnliche Prinzipien auf seinen elterlichen Krameterhof in den Alpen angewendet und in 1500 Metern über dem Meeresspiegel ein Naturparadies geschaffen, in dem sogar Kiwis und viele bedrohte Tier- und Pflanzenarten gedeihen. Zudem betreute er ähnliche Agroprojekte unter anderem in Russland, Thailand und Schottland. Seit 2013 wohnt er im Holzerhof im Südburgenland und bietet dort Lehrgänge in ›Holzer'scher Permakultur‹ an.

Karl Ludwig Schweisfurth, früherer ›Fleischerkönig‹ und Begründer der Schweisfurth-Stiftung, hat in seiner ›symbiotischen Landwirtschaft‹ Prinzipien von Sepp Holzer aufgegriffen: Hier leben Rinder, Schafe, Schweine, Hühner, Gänse und Puten in einem mobilen Koppelsystem symbiotisch miteinander. Schweine schützen Hühner vor dem Fuchs, Hühner befreien Schweine von Parasiten und sorgen laut Schweisfurth für »exzellente Hygiene«, wie es in keinem Stall möglich sei. Auf Ackerflächen, die mit rund 20 Futterpflanzen, wie Wicken oder Getreide, besät werden, suchen sich die Tiere ihr Futter selbst. »Wenn alles hochgewachsen ist, lasse ich die Tiere dort hinein, dann springen sie vor Freude hoch wie die Kinder, fressen das Grün und fangen an zu wühlen«, erzählt Schweisfurth – und ergänzt: »Ein Schwein, das in seinem Leben nie galoppiert ist, ist ein armes Schwein.«[153]

Pestizid- und krebsfreie Gemeinden

Aber es gibt auch noch viele andere Möglichkeiten, Ackergifte sukzessive aus der Welt zu schaffen. Die Umweltorganisation BUND etwa fordert in einer Kampagne pestizidfreie Kommunen. Münster, Saarbrücken, Cuxhaven, Tübingen, Trier und weitere haben sich verpflichtet, auf öffentlichen Flächen und Parks immer weniger oder gar keine Gifte mehr einzusetzen. Unerwünschte Kräuter werden mit Heißwasser, -luft und -schaum in Schach gehalten.[154] Andere Gemeinden engagieren sich im Rahmen des Bündnisses »Kommunen für die biologische Vielfalt«.[155]

Im bayerischen Chiemgau füttern nicht nur ökologisch, sondern auch konventionell wirtschaftende Milchbauern ihr Vieh nicht mehr mit glyphosathaltigem Gensoja, so dass Molkereien mit gentechnikfreier Milch werben können. Mittlerweile sind dort über 40 Prozent der Milch gentechnik- und damit auch ganz oder weitgehend glyphosatfrei.[156] Im Rahmen dieser Zivilcourage-Bewegung, initiiert von dem Agrarberater Christoph

Fischer, haben sich mittlerweile über 30 Landkreise zur gentechnikfreien Zone erklärt; sie reicht weit über Bayern hinaus.

In Deutschland arbeiten gegenwärtig zwölf der 16 Bundesländer daran, die Gentechnik völlig aus der Landwirtschaft auszuschließen, und es gibt 212 solcher Initiativen mit über 30 000 beteiligten Landwirten.[157] Hunderte Regionen Europas haben sich inzwischen zu gentechnikfreien Gebieten erklärt – von Wales über Österreich, die Schweiz, Frankreich und Italien bis nach Griechenland.[158]

Die Ausrufung pestizidfreier Gemeinden wie im Südtiroler Vinschgau oder gar krebsfreier Zonen geht noch einen Schritt weiter. Letztere sind als Idee in der weltweiten Transition-Town-Bewegung entstanden. Im historischen Bostoner Stadtteil Jamaica Plain fiel eine hohe Krebsrate auf, was Polly Hoppin von der dortigen Transition-Town-Initiative auf die Idee brachte, eine »krebsfreie und giftfreie Ökonomie« entstehen zu lassen.[159] »Wie wäre es, wenn wir Kliniken aufbauten, die als Genossenschaft funktionieren, selbst Ökogemüse züchten und auf dem Dach erneuerbare Energie erzeugen?«, fragte Transition-Town-Gründer Rob Hopkins bei einem Vortrag in Berlin.

Oder nochmals andersherum gesagt: Die gegenwärtige agroindustrielle ›Revolution‹ führt direkt in die Katastrophe, weil sie unsere Lebensgrundlagen zerstört. Der ›Peak Oil‹ fällt mit dem ›Peak Soil‹ und anderen ›Peaks‹ zusammen: Öl, Boden, Wasser, Phosphatdünger – alles steht vor der Erschöpfung. Die Hälfte der Weltbevölkerung ist heute entweder unterernährt oder zu dick. Für jede produzierte Nahrungskalorie werden vier bis zehn Kalorien fossiler Energie verbraucht – durch Pestizide, Kunstdünger, Traktorfahrten, Rohstofftransport, Verarbeitung, Vermarktung, Verteilung an den Einzelhandel, Fahrten zum Supermarkt und Kochen. Damit ist die Agroindustrie verantwortlich für ungefähr 40 Prozent aller Treibhausgasemissionen.[160] Die fossilindustrielle Landwirtschaft sei »bankrott, sie braucht mehr Energie, als sie produziert«, schreibt die Journalistin Tanja Busse.[161] Zudem sorgt das agroindustrielle Modell dafür, dass vor allem kleinbäuerliche Familien, die Produzenten von 70 Prozent aller weltweit hergestellten Lebensmittel, hungern müssen. Die meisten Kleinbauernhöfe bewirtschaften weniger als zwei Hektar Land mit oftmals schlechten Böden, weil Spekulanten und Konzerne durch Landgrabbing riesige Flächen bewirtschaften – vor allem in Afrika und Asien, aber auch in Rumänien oder aktuell in der Ukraine, der ›Kornkammer Europas‹.[162]

Ökologische Ernährung der Weltbevölkerung ist möglich

Die Botschaft des 2008 veröffentlichten Weltagrarberichts, an dem der bereits genannte Insektenforscher Hans-Rudolf Herren und weitere rund 400 Wissenschaftler im Auftrag der Weltbank und der UNO vier Jahre lang intensiv gearbeitet haben, fällt deshalb eindeutig aus: »›Weiter so!‹ ist keine vernünftige Option, wenn wir ökologische Nachhaltigkeit anstreben.«[163] Das agroindustrielle Modell, im Weltagrarbericht »Technologie-Transfer-Modell« genannt, sei nicht zukunftsfähig. Eine »agrarökologische Evolution der Landwirtschaft, der Lebensmittelproduktion und des Konsums« werde gebraucht. Es komme auf die Kleinbauern und noch mehr auf die Kleinbäuerinnen an, auf die Förderung ihres lokalen Wissens, ihrer traditionellen Ökomethoden, ihrer widerstandsfähigen Agrarsysteme. Je größer die Vielfalt, desto resistenter sind die Erträge gegen Klimaschäden.

Die weltweite Umstellung auf Bioanbau könne dabei trotz geringerer Arbeitsproduktivität »genügend Lebensmittel für die derzeitige Weltbevölkerung produzieren«, heißt es in dem Bericht. Je nach benutztem Modell könnten rund 2700 bis 4400 Kilokalorien pro Person am Tag produziert werden.[164] Natürlich wäre diese Umstellung nicht von heute auf morgen möglich – das würde Hungersnöte auslösen. Eine längere Übergangszeit, in der Landwirte anders zu produzieren lernen und Menschen sich an eine gesündere Kost mit weniger Fleisch gewöhnen können, wäre nötig.

In Deutschland haben CDU und SPD im Sommer 2014 die Unterzeichnung des Weltagrarberichts verweigert – offenbar auf Druck der Chemiekonzerne.[165] Dennoch haben es seine 400 Autoren geschafft, einen Paradigmenwechsel bei internationalen Organisationen einzuläuten. »Die ersten Reaktionen der Industrie, aber auch der Weltbank und FAO, des deutschen und des US-amerikanischen Landwirtschaftsministeriums, von vielen Wissenschaftlern und der Agrarlobby waren zunächst klassisch: ignorieren, entwerten, lächerlich machen, zur Tagesordnung übergehen«, schreibt Landwirtschaftsexperte Benedikt Härlin im Rückblick. Doch wenige Jahre später gehörten seine Botschaften trotz aller Widerstände »zum Standard wissenschaftlicher und institutioneller Analyse«.[166]

Die UNO hat 2014 zum ›Internationalen Jahr der bäuerlichen Familienbetriebe‹ erklärt. Die Weltbank gibt jetzt an, dass jeder in Kleinbauern investierte Dollar drei Dollar liefere, im Gegensatz zu nur ein bis zwei Dollar in anderen Bereichen.[167] Auch die Welternährungsorganisation FAO hat die Kleinbauern zu den wichtigsten Akteuren ernannt, um die globale Ernährung zu sichern.[168] Ein FAO-Bericht kommt zum Schluss: »Biolandbau hat das Potenzial, die weltweite Ernährung zu sichern, genauso wie heute die konventionelle Landwirtschaft, nur mit reduziertem Umweltschaden.«[169]

Landwirtschaft ist immer noch der größte Beschäftigungszweig der Welt, rund 40 Prozent der Weltbevölkerung leben davon.[170] Die geringere Arbeitsproduktivität des Ökolandbaus ist dabei von Vorteil, denn sie schafft neben Nahrung auch Jobs in vernachlässigten Gebieten. Jules Pretty konnte in einer UN-Studie zeigen, dass gute ökologische Praktiken Ertragssteigerungen von rund 120 Prozent gegenüber traditionellem Eigenanbau ermöglichen. Sein Team hatte dafür 1,9 Millionen Hektar in Afrika untersucht, bewirtschaftet von etwa zwei Millionen kleinbäuerlichen Familien.[171]

Auch eine Verbesserung des Status von Frauen könnte den Welthunger massiv verringern, da sie vor allem in Afrika und Südasien die Hauptproduzenten von Lebensmitteln sind, und könnte gleichzeitig die Geburtenrate senken.[172] Und wenn sich kleinbäuerliche Familien in Afrika unbehelligt von multinationalen Landräubern, Pestizidverkäufern und marktruinierenden EU-Lebensmittelüberschüssen eine Existenz aufbauen könnten, dann wäre damit ein wichtiger Teil der Migrationsgründe beseitigt, die verzweifelte Afrikaner über das Mittelmeer nach Europa treiben.

Bioernten erbringen in den gemäßigten Breitengraden grundsätzlich etwas weniger, in den Tropen dafür wesentlich mehr ein als konventionelle. In einer Metastudie der US-Universität Michigan nahmen Forscher 91 Vergleichsversuche in 53 Ländern unter die Lupe. Ergebnis: Die Öko-Erträge in Industrieländern erreichten im Schnitt 92 Prozent der konventionellen, in südlichen Ländern aber betrugen sie im Mittel 180 Prozent gegenüber der agroindustriellen Produktion.[173] Eine Ökologisierung der Landwirtschaft würde in Nordamerika und Europa zwar zu einem gewissen Rückgang der Produktion führen, bestätigte ein deutsches Team um Karl von Koerber, aber überall sonst würden die Erträge steigen.[174] Auch in der Bundesrepublik könnte das kompensiert werden: Deutschland könnte sich ohne Importe komplett ökologisch ernähren, wenn weniger Tierprodukte gegessen würden.[175]

Die größte Langzeitstudie, in der über 30 Jahre hinweg die Auswirkungen von biologischer und konventioneller Landwirtschaft verglichen wurden, stammt vom ›Rodale Institute‹ im US-Bundestaat Pennsylvania. Das Ergebnis der 1981 begonnenen Untersuchung ist eindeutig: Bioanbau übertrifft konventionellen. Ökolandbau verbraucht demnach 45 Prozent weniger Energie, ist um 28 Prozent effizienter, erhöht langfristig die Bodenfruchtbarkeit, trägt bei geringerer Erosion stärker zur Erneuerung des Grundwassers bei, stärkt ländliche Gemeinden, weil er rund 30 Prozent mehr Arbeitsplätze schafft, und ist insgesamt profitabler.[176]

Die biologisch bewirtschafteten Flächen erbrachten dem Institut zufolge nach einer Umstellungszeit von drei Jahren im Schnitt die gleichen Erträge wie konventionelle. Ökomais und -soja hatten bei gleichen Erntemengen weniger Probleme mit konkurrierenden Beikräutern. Pflanzen auf den Ökoflächen waren dabei weniger stressanfällig als auf konventionellen: In Trockenzeiten lag der Ertrag bei Biomais um 31 Prozent höher als bei konventionellem.

Ökolandanbau ist sogar fast dreimal so profitabel wie der konventionelle. Grund: Verbraucher sind bereit, für echte Bio-Lebensmittel mehr zu bezahlen, gleichzeitig sind die Betriebskosten niedriger, weil der Kauf von Kunstdünger und Pestiziden entfällt. Am meisten bringt Bio-Weizen ein, am wenigsten erlösen transgene Pflanzen. Dies bestätigte eine andere Langzeitstudie der Universität von Minnesota, derzufolge Gentech-Bauern nach nur 14 Jahren weniger verdienten als konventionelle Anbauer.

Eine im November 2013 veröffentlichte Studie der EU-Kommission erbrachte ein ähnliches Ergebnis. Danach brachte die Biolandwirtschaft in Deutschland im Erhebungszeitraum pro Arbeitseinheit jährlich im Schnitt 41 534 Euro Gewinn ein, die konventionelle hingegen nur 40 666 Euro. Auch hier bewirkt der Wegfall von Ausgaben für Dünger und Pestizide, dass Ökolandwirte weniger Kosten haben, nämlich gut 800 Euro pro Hektar und Jahr im Vergleich zu den konventionellen mit über 1000 Euro. Gleichzeitig schafft Ökolandbau mehr Jobs: Eine Arbeitskraft bewirtschaftete im Mittel 54 Hektar, im konventionellen Bereich waren es 62 Hektar.[177]

Vielfältige lokale Methoden

Der Erfindungsreichtum von Ökobauern und -gärtnerinnen ist beeindruckend. In Lateinamerika pflanzen Indigene seit Jahrhunderten in ›Milpa‹ genannten Anbausystemen Kürbis, Mais und Bohnen zusammen. Kürbisblätter schützen den Boden mit ihren großen Blättern, Bohnen liefern Stickstoff und können sich am Mais hochranken – eine Symbiose, die unabhängig von allen Gift- und Düngergaben lebt.

In der dürregeplagten Sahelzone haben Bauern mit ›Zaï‹ eine Pflanzlochmethode entwickelt und mit agrarökologischen Verfahren wie Steinreihen und Feldwaldbau so kombiniert, dass sich die Ernteerträge mehr als verdoppelten. ›Zaï‹ bedeutet in der lokalen Sprache von Burkina Faso »früh aufstehen und sich beeilen, um das Land zu bestellen«.[178] Eine andere Methode heißt ›Farmer Managed Natural Regeneration‹ und besteht darin, Baumstrünke in der Wüste intensiv zu hegen und zu

pflegen.[179]

In Madagaskar hat der französische Jesuitenpater Henri de Laulanie 1983 das sogenannte System of Rice Intensification (SRI) erfunden, das die Reisernte im Schnitt verdoppelt und dabei erheblich weniger Saatgut, Dünger und Wasser verbraucht. Das Ökoverfahren, bei dem Setzlinge weiter auseinander gepflanzt werden, um sie zu kräftigen, wenden bäuerliche Familien inzwischen an vielen Orten Afrikas und Asiens an. Kleinbauer Sumant Kumar im nordindischen Bundesstaat Bihar konnte mit SRI eine Weltrekordernte an Reis einfahren: 22,4 Tonnen auf einem Hektar.[180]

In Ägypten gehörte der Demeter-Betrieb ›Sekem‹ in den 1980er Jahren zu den ersten, die Biobaumwolle anbauten. Rund 2000 Mitarbeitende produzieren dort auch Obst, Kräuter und Gemüse. Es gibt einen Mindestlohn, eine Kranken- und Rentenversicherung.[181] Der Ökologe Getachew Tikubet, Gründer und Programmdirektor von ›Bioeconomy Africa‹, hat in Äthiopien und anderen afrikanischen Ländern Ausbildungszentren für ›Vorbildbauern‹ aufgebaut. Diese werden in biologischer ›Schädlings‹-Bekämpfung und Kompostierung unterwiesen und erhalten Gerätschaften und Saatgut. Im Gegenzug müssen sie sich verpflichten, mindestens zehn weitere Bäuerinnen und Landwirte auszubilden – das Wissen breitet sich durch das Schneeballsystem schnell aus.[182]

Auf den Philippinen, deren Bevölkerung die Nachteile der ›grünen Revolution‹ hautnah miterlebte, haben sich seit 1985 rund 35 000 Landwirte, 600 Bauernorganisationen und 200 Trainerinnen im Ökonetzwerk MASIPAG zusammengeschlossen. Es sammelt und schützt traditionelle Reis- und Gemüsesorten und gibt altes Wissen weiter, was bei den Mitgliedern für einen höheren Wohlstand gegenüber konventionellen Bauern und für eine bessere Absicherung gegen Klimaschäden sorgt. Forscher und Bäuerinnen testen in 175 Versuchsfarmen in 40 Provinzen über 1000 alte Reissorten und geben sie unentgeltlich an Mitglieder ab. MASIPAG kämpft gleichzeitig energisch gegen Gentechnik, auch wenn sie in der PR-Spielart »Goldener Reis« daherkommt. Die Selbsthilfeorganisation sei das »weltweit größte partizipative Züchtungsprojekt«, so die Philippina Elizabeth Cruzada auf der Berliner Konferenz »Farbe der Forschung«. Arme unterstützten hier Arme, durch großgeschriebene gegenseitige Kooperation hieve man »Ernährungssouveränität auf die nationale Ebene«.[183]

Solche nichtkommerziellen Saatgutbanken sind im Übrigen auch sehr wichtig, um die Vielfalt der Kulturpflanzen zu retten. Als in den 1970er Jahren eine Viruskrankheit fast ein Viertel der asiatischen Reisproduktion vernichtete, bestand die Rettung in einer resistenten wilden Reissorte aus der Saatbank des Internationalen Reisforschungszentrums auf den Philippinen.[184]

›Ernährungssouveränität‹ – diesen Begriff hat das internationale Kleinbauernnetzwerk ›Via Campesina‹ anlässlich des alternativen Welternährungsgipfels von 1996 geprägt. Der kalorienzählende Ansatz der ›Ernährungssicherheit‹ reiche nicht aus, befand die Organisation, sondern müsse durch das Recht aller Menschen und Gesellschaften ergänzt werden, ihren Anbau und ihre Essensweise selbst wählen zu können.

Gutes Essen und gutes Leben für alle! Dazu gehören auch soziale Gerechtigkeit, ökologischer Anbau, Artenvielfalt, Recht auf eigenes Land, Ächtung von Großgrundbesitz und Landraub, lokale Saatgut-Tauschbörsen, Wertschätzung der bäuerlichen Arbeit, freier Zugang zu Land, Wissen und Krediten, Kooperation und Gemeinschaftlichkeit.

Das alles ist auch hierzulande möglich und nötig. Es ist zwar ein Fortschritt, wenn öffentlicher Druck die Senkung von Grenzwerten, die Verschärfung von Sicherheitsvorkehrungen und das Verbot besonders giftiger Pestizide erreichen kann. Aber das sind Etappensiege, und das Ziel kann nur lauten, chemisch-synthetisches Ackergift aus den biologischen Kreisläufen zu verbannen. Ein für alle Mal.

Wenn genügend Menschen fordern, dass Gifte in unseren Böden, Pflanzen und Tieren, auf unseren Tellern, in unseren Körpern nichts zu suchen haben, wird die Landwende möglich. Dazu muss die Empörung laut und virulent werden. Es liegt in unser aller Händen, eine vielfältige, lebensfördernde, enkeltaugliche Landwirtschaft möglich zu machen.

Ein bunter Reigen von Menschen hat sich aufgemacht, diese Ziele zu verwirklichen, organisiert in der Bürgerinitiative ›Landwende‹, im Bündnis ›Wir haben es satt!‹, im ›Agrarbündnis‹ und vielen anderen Organisationen, deren Websites Sie – ohne Anspruch auf Vollständigkeit – im Anhang finden. Es sind mutige Menschen, die ihre Stimme erheben – nicht nur für sich selbst, sondern auch für diejenigen Lebewesen, die in den heutigen Giftwolken verstummen und sterben.

Diese Menschen wollen nicht mehr stillschweigen. Einen stummen Frühling und ein stummes Jahr soll es nie mehr geben.

Anhang

Ackergifte? Nein danke! – die Kampagne für eine enkeltaugliche Landwirtschaft

Seit Frühjahr 2014 ist die Internetseite der Kampagne ›Ackergifte? Nein danke!‹ öffentlich zugänglich. Getragen von der Bürgerinitiative ›Landwende‹, die 2001 als Reaktion auf eine großflächige Herbizid-Vergiftung im Nordosten Deutschlands aktiv wurde, fordert die Kampagne ein Verbot sämtlicher Ackergifte und tritt für einen Abschied von der Agrarindustrie, verbunden mit der Hinwendung zu einer bäuerlichen, lebensfördernden und enkeltauglichen Landwirtschaft ein. Eine solche Landwirtschaft kann nicht mit einer auf Genmanipulation und Gifteinsatz basierenden industriellen ›Biomasse‹-Produktion koexistieren: Vor allem unter dem Diktat der im Zug der sogenannten Energiewende massiv geförderten ›Bioökonomie‹ werden wir die Alternative für unverseuchte, gesunde Lebensmittel bald vollends verlieren, wenn wir nicht handeln.

Ein erster Schritt dazu besteht darin, Schäden und Gesundheitsbeschwerden, die durch Abdrift von Ackergiften entstehen, zu registrieren und zu melden. Dazu arbeitet die Kampagne ›Ackergifte? Nein danke!‹ mit dem ›Pestizid Aktions-Netzwerk Deutschland e. V.‹ (PAN) zusammen. Mit Hilfe eines Meldebogens soll eine breite Datenbasis geschaffen werden, die das Ausmaß der allgegenwärtigen Vergiftung von Land und Leuten dokumentiert.

Wie Sie als Betroffene durch Ackergifte verursachte Schäden melden und dokumentieren können und sich im Rahmen von ›Ackergifte? Nein danke!‹ für ein Verbot von Pestiziden und für eine gesunde, enkeltaugliche Landwirtschaft engagieren können, erfahren Sie auf den folgenden von der Kampagne zusammengestellten Seiten sowie auf der Website www.ackergifte-nein-danke.de.

Was tun bei Schäden durch Ackergifte?

Die in der modernen Agrarwirtschaft eingesetzten Ackergifte stehen nicht nur im Verdacht, sich durch den Verzehr im tierischen und menschlichen Körper anzusammeln und gesundheitliche Schädigungen hervorzurufen. Durch Fehlanwendungen, Pestizidabdrift und Unfälle kommt es vermehrt zu direkter Kontaminierung mit den oftmals hochgiftigen Substanzen. Besonders spielende Kinder und Anwohner industriell genutzter Landflächen, aber auch die Landwirte selbst sind einer erhöhten Vergiftungsgefahr ausgesetzt. Dabei bleibt unklar, ob und wie weit sich eine langfristige Verwendung von Chemikalien wie Glyphosat oder Brasan auf die Gesundheit von Mensch und Tier auswirkt, da eine flächendeckende, öffentliche Erfassung von Fehlanwendungen und Vergiftungen bislang ebenso fehlen wie Langzeitstudien oder Fallsammlungen. Doch nur, wenn Fälle bekannt werden, in denen ein eindeutig kausaler Zusammenhang zwischen der Schädigung eines Menschen und Ackergiften hergestellt werden kann, lässt sich Druck auf die Politik aufbauen und lassen sich Veränderungen einleiten. Um eine wissenschaftliche und juristische Aufarbeitung zu ermöglichen, ist es wichtig, die auftretenden Fälle zu sammeln und möglichst umfangreich und genau zu dokumentieren. Aber wie wird das gemacht?

1. Beobachten

Beobachten Sie die Natur: Entdecken Sie auffällige Verfärbungen in der Nähe von gespritzten Äckern? Beobachten Sie die Menschen: Klagen Menschen in Ihrer Familie oder Ihrem Freundeskreis regelmäßig nach Spritzungen auf umliegenden Äckern über gesundheitliche Beschwerden? Haben Sie Grund zur Annahme, auf einer Fläche in Ihrer Umgebung könnte es zur Fehlanwendung eines Ackergifts gekommen sein? Dann lesen Sie weiter!

1.1. Was tun bei Abdrift?

Immer wieder werden Fälle von Fehlanwendungen, Abdrift oder Veränderungen der Vegetation nach dem Aufbringen von Pestiziden beobachtet und gesundheitliche Beeinträchtigungen festgestellt.

Doch wie gehe ich vor, wenn ich solche Fehlanwendungen, verfärbte Pflanzen oder gesundheitliche Beschwerden nach dem Aufsprühen beobachte? Wie gehe ich vor, wenn ich in meinem Garten oder in der Natur verfärbte Pflanzen entdecke und meine, dass dies an einem Ackergift liegen könnte?

Wenn Sie in Ihrem Garten oder in der in der Natur verfärbte Pflanzen entdecken, könnte das an den Wirkstoffen Glyphosat oder Clomazon liegen. Glyphosat färbt Gräser gelb, Clomazon färbt empfindliche Pflanzen, vom Blattzentrum ausgehend, weiß, besonders auffällig ist dies bei Vogelmiere, Kerbel, Brombeeren, Rosen und Holunder.

Tragen Sie in den Meldebogen von PAN Germany ein, an welchem Ort und auf welcher Fläche Sie die Abdrift beobachtet haben, ob Schäden an Pflanzen aufgetreten sind und ob Menschen gesundheitlich beeinträchtigt wurden. Weitere Hinweise zum Meldebogen finden Sie unter Punkt 3 ›Meldebogen‹.

Wenn Sie sich darüber hinaus engagieren möchten: Rufen Sie das örtliche Pflanzenschutzamt an und bestehen Sie auf einem Ortstermin. Verlangen Sie, dass die Pflanzen untersucht werden, damit nachvollziehbar wird, welches Mittel für die Verfärbung verantwortlich ist.

Suchen Sie das Gespräch mit dem Landwirt, der den Schaden verursacht hat; vermeiden Sie Konfrontation. Nicht die Landwirte sind das Problem, sondern die Konzerne, die diese Mittel produzieren, und die Behörden, die sie zulassen. Die Landwirte setzen sie in der Regel gemäß ›guter fachlicher Praxis‹ ein. Die Schwierigkeit besteht darin, dass die Mittel teilweise so problematisch sind, dass sie trotz vorgeschriebener Anwendungmethode enorme Schäden verursachen.

1.2 Was tun bei Gesundheitsbeschwerden?

Wie gehe ich vor, wenn ich oder meine Familienmitglieder gesundheitliche Beschwerden hatten, nachdem in unmittelbarer Nähe zum Aufenthaltsort ein Feld mit Ackergiften gespritzt wurde?

Am besten suchen Sie sofort den Arzt ihres Vertrauens auf und lassen dort eine Blutprobe nehmen. Geben Sie auch eine Urinprobe ab. Im Idealfall ist der Arzt bereit, beides einzufrieren, so dass im Verlauf der folgenden Recherchen untersucht werden kann, welches Gift hier wirksam war.

Um herauszufinden, von welchem Mittel Sie betroffen waren, wenden Sie sich freundlich an Ihren Landwirt. Er ist nicht verpflichtet, Bürgerinnen und Bürgern Auskunft zu erteilen, aber wenn Sie kooperativ sind und ihm vermitteln, dass Sie seinen Betrieb nicht an den Pranger stellen werden, könnte er es Ihnen mitteilen. Diese Information ist die Grundlage zur Analyse der Blutprobe.

Wenn der Landwirt nicht bereit ist, Ihnen das verwendete Ackergift zu nennen, wenden Sie sich an das örtliche Pflanzenschutzamt. Dringen Sie darauf, dass von Seiten des Amts das Mittel in Erfahrung gebracht wird. In der Regel werden Sie hier nicht auf Verständnis stoßen, denn so ein Vorgang verursacht Arbeit, und das Pflanzenschutzamt wird sie davon zu überzeugen versuchen, dass die Mittel im Prinzip unschädlich sind. Lassen Sie sich nicht abwimmeln. Sie haben ein Recht auf diese Information. Wenn Sie das Pflanzenschutzamt nicht zur Kooperation bewegen können, schreiben Sie eine E-Mail an beratung@ackergifte-nein-danke.de. Wir helfen Ihnen bei der Argumentation und bei möglichen Schritten, das Pflanzenschutzamt durch Öffentlichkeitsarbeit zum Handeln zu bewegen.

Wenden Sie sich an das Gesundheitsamt, und legen Sie den dortigen Mitarbeitern nahe, dass Sie den dringenden Verdacht haben, durch ein Ackergift geschädigt worden zu sein. Stellen Sie sich darauf ein, dass Sie Unverständnis ernten. Ackergifte gelten in den Behörden als ungefährlich. Vermutlich werden die dortigen Mitarbeiter sagen, ihre unspezifischen Symptome ließen sich auf eine aktuelle Grippewelle etc. zurückführen. Lassen Sie sich davon nicht beeindrucken, und sprechen Sie mit den Behörden, ob es nicht Möglichkeiten gäbe, den Zusammenhang zwischen Gesundheitsbeschwerden und Ackergiften langfristig zu untersuchen.

Sollte der Landwirt in Ihrer Nachbarschaft bereit sein, regelmäßig darüber zu informieren, welche Mittel er anwendet, und wären Sie und Anwohner in der Nachbarschaft bereit, parallel ihren Gesundheitszustand zu dokumentieren, wäre dies ein wichtiger Schritt. Die Kampagne ›Ackergifte? Nein danke!‹ vermittelt gerne engagierte Wissenschaftler und Forscherinnen, die seit Jahren auf eine solche Konstellation warten und bereit sind, eine Langzeitstudie durchzuführen.

Beschreiben Sie Ihre Symptome auf dem Meldebogen von PAN Germany (siehe auch Punkt 3 ›Meldebogen‹). Wir freuen uns, wenn Sie darüber hinaus die Geschichte Ihres Falls aufschreiben und – auch anonym – zur Veröffentlichung an die Bürgerinitiative Landwende senden. Die Kontaktdaten finden Sie unter Punkt 4 ›Unterstützen‹.

1.3 Was tun bei Fehlanwendungen?

Wie gehe ich vor, wenn ich die Fehlanwendung eines Ackergifts beobachtet habe?

Fehlanwendung – das kann beispielsweise bedeuten, dass Sie beobachten, wie ein Spritzenfahrzeug bereits außerhalb des Felds seine Düsen öffnet und die Landschaft vergiftet, dass Sie auf Feldern tote Zonen entdecken, die offenbar durch eine Überdosierung an Gift verursacht wurden, oder dass sie beobachten, wie beim Befüllen eines Tanks größere Mengen Gift verschüttet werden oder Kanister nicht ordnungsgemäß entsorgt werden.

Rufen Sie das örtliche Pflanzenschutzamt an, und berichten Sie von Ihrer Beobachtung. Bestehen Sie auf einem Ortstermin. Wenn das Amt sich nicht kooperativ verhält, nehmen Sie über beratung@ackergifte-nein-danke.de Kontakt mit uns auf.

Achten Sie darauf, keinen offenen Konflikt mit dem lokalen Landwirt auszulösen. Durch eine solche Konfrontation lässt sich in der Regel nichts zum Besseren wenden, sondern sie belastet die Nachbarschaft unnötig. Selbst wenn Mitarbeiter des Landwirts fahrlässig gehandelt haben sollten: Nicht die Praxis der agrarindustriellen Betriebe ist das zentrale Problem, sondern die Agrarpolitik, die diese Mittel zulässt. Lösungen müssen auf politischer Ebene herbeigeführt werden.

2. Informieren

2.1 Was ist Abdrift?

Bei der Ausbringung von Pestiziden kann es dazu kommen, dass der feine Sprühnebel verweht oder verfrachtet wird. Das Pestizid wird so vom Ort der Anwendung wegtransportiert und schlägt sich – mitunter in Kilometern Entfernung – auf Nachbarflächen, in Gewässern, Gehölzen, Wäldern oder Gärten nieder.

Von Pestizid-Abdrift und -Verfrachtung kann jede und jeder betroffen sein. Über Abdrift und Verfrachtung gelangt der Sprühnebel auf Obst und Gemüse in Gärten von Anrainern und auf Spielflächen von Kindern. Menschen, die sich gern in der Natur aufhalten, wie Spaziergänger, Joggerinnen und Radfahrer, geraten ungewollt in den Sprühnebel frisch behandelter Felder. Wer sich in der Landschaft aufhält, kann unfreiwillig zum Zeugen fehlerhafter Anwendung werden, wenn bei starkem Wind gespritzt wird oder Wege, Raine, angrenzende Gehölze oder Gewässer mitgespritzt werden. Warme Witterung kann ein Auslöser von Verfrachtung sein. Der Wirkstoff Clomazon etwa wird schon bei Boden- und Lufttemperaturen ab etwa 25 Grad Celsius gasförmig. Das Gas steigt auf, wird bereits durch schwache Luftbewegungen davongetragen und sinkt – teilweise in großer Entfernung – durch Luftabkühlung wieder zu Boden. Bio-Betriebe, die in Nachbarschaft zu konventionellen Betrieben liegen, kennen das Problem, dass ihre Anbaufrüchte durch Pestizide von Nachbarflächen kontaminiert werden.

3. Melden

3.1 Landesbehörden

Wer Fälle von Abdrift oder Fehlanwendungen melden möchte, findet in den Landesbehörden (Pflanzenschutzämter) die zuständigen Ansprechpartner. Was die genauen Zuständigkeiten der Landesämter betrifft, gibt es regionale Unterschiede, die im Zweifelsfall beim Landwirtschaftsministerium des jeweiligen Bundeslands erfragt werden können. Die wenigsten Betroffenen melden den Vorfall der zuständigen Landesbehörde, und nicht alle bekannten Fälle werden von den Landesbehörden an die Bundesbehörde weitergeleitet. Auf Bundesebene, wo über die Zulassung von Pestiziden entschieden wird, entsteht so ein falsches Bild vom tatsächlichen Ausmaß des Abdrift-Problems.

3.2 Meldebogen

Nutzen Sie den von PAN Germany bereitgestellten Meldebogen. Er kann unter www.pan-germany.org heruntergeladen werden und – auf Wunsch auch anonym – per Brief oder Mail eingesandt werden. Der Bogen ist nur zwei Seiten lang und in drei Minuten ausgefüllt. Jeder ausgefüllte Bogen stärkt die politische Arbeit, die zum Verbot hochgefährlicher Gifte in freier Natur führen soll.

4. Unterstützen

Helfen Sie mit, die Kampagne ›Ackergifte? Nein danke!‹ zu stärken! Es gibt vielfältige Möglichkeiten: Klären Sie in Ihrem Umfeld über Gefahren von Ackergiften und über Alternativen auf. Werden Sie vor Ort aktiv, und engagieren Sie sich bei Aktionen der Kampagne. Bringen Sie den diesem Buch beigelegten Aufkleber an einer prominenten Stelle an. Gerne können Sie bei uns Informationsmaterial und weitere Aufkleber anfordern. Senden Sie uns Ihre Betroffenenberichte. Spenden Sie für den Aufbau einer Beratungsstelle und die Durchführung einer breiten wissenschaftlichen Studie. Helfen Sie mit, die Kosten für die Kampagne zu tragen. Wenn Sie mehr über geplante Aktionen und Unterstützungsmöglichkeiten erfahren möchten, kontaktieren Sie uns per Mail oder Brief:

Bürgerinitiative Landwende
Klein Jasedow
Am See 1
17440 Lassan
info@landwende.de

Engagement ist unbezahlbar – Infrastruktur und Lebensunterhalt kosten Geld. Diese einfache Formel gilt auch für ›Ackergifte? Nein danke!‹. Um die Arbeit der Kampagne für eine enkeltaugliche Landwirtschaft finanziell zu unterstützen, nutzen Sie bitte die Spendenmöglichkeit auf www.ackergifte-nein-danke.de, oder überweisen Sie Ihre Spende auf folgendes gemeinnütziges Treuhand-Konto:

Europäische Akademie der Heilenden Künste e.V.
IBAN: DE80 4306 0967 0102 0134 05
BIC: GENODEM1GLS
Zahlungszweck: Landwende

Anmerkungen

1 Carson, Rachel: Der stumme Frühling. Neuauflage München 2013, S. 15 f.

2 Carson: a. a. O., S. 222 ff.

3 Siehe unter anderem www.beyondpesticides.org; Gold, L. S., et al: Pesticide Residues in Food and Cancer Risk, Handbuch der Universität von Berkeley; Colborn, Theo et al: Die bedrohte Zukunft, München 1998.

4 www.destatis.de/DE/ZahlenFakten/GesellschaftStaat/Gesund heit/Todesursachen/Todesursachen.html.

5 Haalck, Klaus Friedrich: Pestizide nein danke, Berlin 2013, S. 57.

6 PAN Germany: Highly Hazardous Pesticides from BASF, Bayer, and Syngenta, Hamburg 2012.

7 www.umweltbundesamt.de/themen/chemikalien/pflanzen schutzmittel

8 Haalck: a. a. O., S. 51.

9 Carson: a. a. O., S. 248 ff.

10 Gilbert, Natasha: A Hard Look at GM Crops, in: Nature 497, S. 24 ff., 2013, Übersetzung auf: www.spektrum.de/news/wahrheiten-und-legenden-der-gruenen-gentechnik/1193580; siehe auch: Then, Christoph; Boeddinghaus, Runa: Superweeds. Resistente Unkräuter bedrohen die Ernte!, Wiesbaden 2014.

11 USA: Resistente Unkräuter breiten sich immer schneller aus, www.keine-gentechnik.de, 4.2.2013.

12 In den USA breiten sich Super-Unkräuter aus, Die Welt, 23.1.2014; Glyphosat: Der Teufelskreis mit dem meistverkauften Pflanzengift, afp, 20.1.2014.

13 Then, Christoph: Die Rache von Käfer & Co., 20 Jahre kommerzieller Anbau von Genpflanzen in den USA, Wiesbaden 2013.

14 www.nabu-leverkusen.de/index.php?id=119

15 Niggli, Claudio; Kipfer, Samuel: Wie Pestizide und Dünger das biologische Gleichgewicht stören, Ithaka-Journal 1/2011.

16 Pestizide bedrohen Artenvielfalt, Greenpeace 25.6.2014.

17 Pestizide gefährden Bestände der Singvögel, dpa und Reuters, 10.7.2014.

18 Babel, Dagmar: Pestizide und Agrarpolitik gefährden Biodiversität. In: Kritischer Agarbericht 2011, S. 126.

19 Reichholf, Josef: Flucht in die Stadt, Der Tagesspiegel, 31.5.2014.

20 Rockström, Johan, et al.: A Safe Operating Space for Humanity, Nature 461, 24.09.2009, S. 472 ff.

21 Brühl, Carsten A. et al: Terrestrial Pesticide Exposure of Amphibians, Scientific Reports 3, Article number 1135, 24.1.2013.

22 Großstadt-Wildnis, Der Tagesspiegel, 22.6.2014.

23 Lemke, Harald: Politik des Essens, Bielefeld 2012, S. 178.

24 Carson: a. a. O., S. 298.

25 Schlieter, Kai: Die Saat ist aufgegangen, taz 31.5.2014.

26 Succow, Michael: Wie die Welt ist, darf sie nicht bleiben, www.landwende.de, 2.11.2012.

27 Carson: a. a. O., S. 27 und 21.

28 Fischer, Hermann: Stoff-Wechsel, München 2012, S. 47 ff.

29 Fischer: a. a. O., S. 54.

30 Fischer, a. a. O., S. 57; Bezler, Hans-Joachim et al.: Biozide, Soznat, Materialien für den Unterricht 25, Marburg 1992, S. 16 ff.; Harris, Robert; Paxmann, Jeremy: »Eine höhere Form des Tötens«. Die unbekannte Geschichte der B- und C-Waffen, München 1983.

31 Bezler: a. a. O., S. 17.

32 Wechselwirkung, Nr. 31, 11/1986, S. 44 ff.

33 Bezler: a. a. O., S. 35.

34 Bezler: a. a. O., S. 84 f.

35 Bezler: a. a. O., S. 18.

36 Fischer: a. a. O., S. 55; Bezler: a. a. O., S. 36.

37 Fischer: a. a. O., S. 58.

38 Carson: a. a. O., S. 40.

39 Bezler: a. a. O., S. 38 ff.

40 Bezler: a. a. O., S. 44; Hollenstein, Günter: Formeln für US-Nervengase sollen aus Bayer-Labors stammen, Frankfurter Rundschau, 23.3.1984.

41 Bezler: a. a. O., S. 51, 62.

42 Bezler: a. a. O., S. 64 ff.; Schnibben, Cordt: Der Tod aus Ingelheim. Der Spiegel, 32/1991, S. 106 ff.

43 Bezler: a. a. O., S. 72.

44 dpa, afp und ap, 12.12.1983.

45 Bezler: a. a. O., S. 25; Nervengas aus deutscher Anlage im Irak?, taz, 31.3.1984.

46 Bezler: a. a. O., S. 93.

47 Stern, 50/1986, S. 25.

48 www.welthungerhilfe.de/whi2011-marktstand-aktion.html.

49 Plog, Karsten: Bundesanstalt entdeckte Gifte in Muttermilch, Frankfurter Rundschau, 22.1.1984.

50 Schaper, Eva: Pestizide im Blumenbeet, 24.4.2014, www.greenpeace.de/themen/pestizide-im-blumenbeet.

51 Neue EU-Daten: Rekordwerte für Pestizide in Obst und Gemüse, www.greenpeace.de/presse/presseerkl%C3%A4rungen/neue-eu-daten-rekordwerte-fuer-pestizide-obst-und-gemuese, 1.6.2006; Obst und Gemüse mit illegalen Pestiziden gespritzt, www.greenpeace.de/themen/landwirtschaft/pestizide/gemuese-aus-deutschland-gespritzt-mit-illegalen-pestiziden, 21.8.2008.

52 Neumeister, Lars: Pestizide außer Kontrolle II, Hamburg 2006.

53 Pestizide in Biolebensmitteln. Deutsche Bioware mit weißer Weste, 20.06.2012 www.test.de/Pestizide-in-Biolebensmitteln-Deutsche-Bioware-mit-weisser-Weste-4403486-0/

54 Neumeister: a. a. O.

55 Keitel, Sybilla, Gegen Pestizide, Dokumentation, Juli 2014.

56 Marc, Julie: Effets toxiques d'herbicides à base de glyphosate sur la régulation du cycle cellulaire et le développment précoce en utilisant l'émbryon d'oursin, Dissertation, Université de biologie de Rennes, 2004.

57 Umweltforschungszentrum: Europäische Gewässer stärker durch Chemikalien belastet als bislang angenommen, Pressemeldung 17.6.2014; Wildermuth, Volkart: Europas Gewässer in Gefahr, Deutschlandfunk, 17.6.2014.

58 Stiftung Warentest: Viele Mineralwasser sind verunreinigt, Spiegel-Online, 24.7.2014.

59 Mesnage, Robin, et al: Major Pesticides Are More Toxic to Human Cells Than Their Declared Active Principle, BioMed Research International 2014, www.hindawi.com/journals/bmri/2014/179691/; FAKT vom 3.6.2014, www.mdr.de/fakt/fakt_glyphosat100.html

60 Scheub, Ute; Pieplow, Haiko; Schmidt, Hans-Peter: Terra Preta, die schwarze Revolution aus dem Regenwald, München 2013, S. 25.

61 Carstensen, Jacob et al.: Deoxygenation of the Baltic Sea During the Last Century, Proceedings of the National Academy of Sciences of the United States of America, 111(15), S. 5628 ff.

62 Zukunftsstiftung Landwirtschaft (Hrsg.): Wege aus der Hungerkrise, deutschsprachige Kurzfassung des Weltagrarberichts, Berlin 2009, S. 10.

63 www.pan-germany.org/download/Kinder-Pestizide_web_F.pdf

64 www.cbgnetwork.org/806.html

65 www.pan-germany.org/download/fs_vergiftungen.pdf; www.pan-germany.org/download/Vergift_EN-201112-web.pdf
66 PAN Germany: Hochgefährliche Pestizide von BASF, Bayer und Syngenta, Hamburg 2012.
67 Zitiert nach: www.pan-germany.org/deu/~news-1210.html
68 Selbherr, Christian: Am Tag, als Bauer Prafull starb, in: Münchner Stadtgespräche, Juli 2012; Zipfel, Isabell: Übrig bleiben Witwen und Waisen, Factory, 1/2014, S. 31 ff.
69 Zitiert nach: www.pan-germany.org/deu/~news-1210.html
70 www.pan-germany.org/download/Vergift_EN-201112-web.pdf
71 www.regenwald.org, 13.2.2011, »Plusminus«, ARD, 8.2.2011.
72 Zukunftsstiftung Landwirtschaft (Hrsg.): a. a. O., S. 13.
73 Robin, Marie-Monique: Mit Gift und Genen, München 2010, S. 415.
74 Robin, a. a. O., S. 400 ff.
75 Robin, a. a. O., S. 11.
76 Erklärung von Bern, Forum Umwelt und Entwicklung (Hrsg.): Agropoly. Wenige Konzerne beherrschen die weltweite Lebensmittelproduktion, S. 3; 12.
77 www.internazionaleleliobasso.it
78 www.agricorporateaccountability.net/en/page/general/22
79 Hillmann, Margit: Bauer gegen Riese, Deutschlandradio Kultur, Die Reportage, 9.5.2013.
80 Robin: a. a. O., S. 206.
81 Sprenger, Ute; Moldenhauer, Heike: Die Heilsversprechen der Agro-Gentechnik, in: Kritischer Agrarbericht 2009, S. 247 ff.
82 Robin: a. a. O., etwa S. 40; 79 ff.; 111; 124; 139; 154; 176 ff.; 261 f.; 264 ff.; 356 ff.
83 Oppong, Martin: Verdeckte PR in Wikipedia, OBS-Arbeitshefte 76, Frankfurt a. M. 2014, S. 74 ff.
84 Oxfam Deutschland (Hrsg.): Gefährliche Partnerschaft, Berlin, Mai 2014, S. 5 ff. und 18 ff.

85 Oxfam: a. a. O., S. 13.

86 Siehe: www.basf.com, www.bayer.de, www.monsanto.com, www.syngenta.com

87 Ein solches Schreiben von Monsanto liegt der Autorin vor.

88 Gottwald, Franz-Theo; Krätzer, Anita: Irrweg Bioökonomie, Berlin 2014, S. 111.

89 Volling, Annemarie; Nürnberger, Marcus: Gentechnikindustrie nimmt erneut Anlauf, in: Kritischer Agrarbericht 2014, S. 245 ff.

90 Die Protokolle liegen der Autorin vor.

91 Umweltbundesamt: Anwendung von Pflanzenschutzmitteln in der Landwirtschaft, Hintergrundpapier, 2006.

92 »Forscher neigen zu Schummeleien«, Stefan Hornbostel im Interview, Der Tagesspiegel 7.2.2007.

93 Neufeld, Jörg: Wissenschaftliches Fehlverhalten. Selbstauskünfte des wissenschaftlichen Personals in Österreich und Deutschland, iFQ-Bericht, Juni 2014.

94 Siehe www.gmfreecymru.org/documents/new_statement.html

95 Séralini, Gilles-Éric et al: Republished study. Long-term toxicity of a Roundup herbicide and a Roundup-tolerant genetically modified maize, Environmental Sciences Europe, 26:14, 24.6.2014.

96 Battaglia, Denise: Hier geht es um viel Geld. Interview mit Angelika Hilbeck, Schweizer Tageswoche, 2.11.2012.

97 Haalck, a. a. O., S. 111.

98 Gespräch der Autorin mit Anita Schwaier sowie deren Leserbrief an die taz, »Pestizide in der Landwirtschaft«, 26.5.2014.

99 Stern, 50/1988, S. 24.

100 PAN Germany: Hormone im Essen, Endokrin wirksame Pestizide in den Nahrungsmitteln der Europäischen Union, Hamburg o. J.

101 Then, Christoph: Spielwiese der Gen-Industrie. Reformbedarf bei der Europäischen Lebensmittelbehörde EFSA, in: Kritischer Agrarbericht 2013, S. 242 ff.

102 Robin: a. a. O., S. 215 ff. und 250.

103 Then, Christoph: Vorsicht »Giftmischer«. Gutachten von Test Biotech, April 2011, S. 9.

104 Zitiert nach: Gottwald, Franz-Theo: Agrarethik und Grüne Gentechnik, in: Aus Politik und Zeitgeschicht, 5–6/2010, S. 24.

105 Grass, Karen: Josef K. kämpft gegen die Ohnmacht, taz, 27.12.2012.

106 Hillmann, Margit, a. a. O.

107 Fuchs, Nikolai: Agro-Gentechnik, in: Christ, Manfred (Hrsg.): Bedrohte Saat, Dornach 2010, S. 18.

108 Christ, Manfred: Für eine Handvoll Dollar, in: Christ a. a. O., S. 243.

109 Christ, Manfred: Am Anfang war das Saatgut, in: Christ, a. a. O., S. 46.

110 Christ, Manfred: Für eine Handvoll Dollar, in: Christ: a. a. O., S. 254 ff.

111 Schmidt, Hans-Peter: Denn wir wissen nicht, was wir essen, in: Ithaka-Journal 1/2011.

112 Lorenzen, Sievert: Nervengift für Rinder, in: Kritischer Agrarbericht 2013, S. 226; ders.: Schock: Mehr Glyphosat in Muttermilch als in Harn, www.provieh.de, 27.6.2014.

113 Krüger, Monika, et al: Detection of Glyphosate Residues in Animals and Humans, Journal of Environmental & Analytical Toxicology, 4:2, 2014.

114 Shehata, Awad, et al: The Effect of Glyphosate on Potential Pathogens and Beneficial Members of Poultry Microbiota in Vitro, Current Microbiology, April 2013, 66(4), S. 350 ff.; Krüger, Monika, et al: Glyphosate Suppresses the Antagonistic Effect of Enterococcus spp. on Clostridium botulinum, Anaerob, 20/2013; Shehata, Awad, et al: Antagonistic Effect of Different Bacteria on Clostridium Botulinum Types A, B, D and E in Vitro, Veterinary Record, 19.12.2012.

115 Krüger, Monika, et al: Field Investigations of Glyphosate in Urine of Danish Dairy Cows, Environmental & Analytical Toxicology, 2013, 3:5.

116 Krüger et al, a. a. O. 2014.

117 www.nabu.de/themen/landwirtschaft/pflanzenschutz/roundup/14613.html

118 www.bund.net/themen_und_projekte/gentechnik/risiken/gesundheit/glyphosat/

119 Lorenzen: a. a. O. 2014.

120 Lorenzen: a. a. O. 2014.

121 Bundestagsdrucksache 17/7168.

122 www.testbiotech.org/node/925

123 Robin: a. a. O., S. 58 ff.

124 Robin: a. a. O., S. 124.

125 Samsel, Anthony, et al: Glyphosate's Suppression of Cytochrome P450 Enzymes and Amino Acid Biosynthesis by the Gut Microbiome, Pathways to Modern Diseases, Entropy 2013, 15(4); online verfügbar: www.mdpi.com/1099-4300/15/4/1416.

126 Lorenzen: a. a. O. 2014.

127 www.greenmedinfo.com/blog/roundup-weedkiller-found-75-air-and-rain-samples-gov-study-finds, 20.2.2014.

128 Experten sprechen sich für Glyphosat aus, Ausschuss für Ernährung und Landwirtschaft, www.bundestag.de, 2.7.2014.

129 Unger, Andreas: Das kollektive Königreich, Greenpeace Magazin 4/2011, www.greenpeace-magazin.de/index.php?id=6458

130 USA: Obama-Regierung will massenhaftes Bienensterben stoppen, Spiegel-Online, 21.6.2014

131 Unger, a. a. O.

132 Brückmann, Tomas: Methodische Mängel, in: Kritischer Agrarbericht 2012, S. 171 ff.

133 Haefeker, Walter: Vom Summen in der Politik, in: Kritischer Agrarbericht 2014, S. 57 ff.

134 www.pan-germany.org/download/ED_Pestizide.pdf

135 Ebd.

136 www.aerzteblatt.de/nachrichten/53177/

137 www.pan-germany.org/download/ED_Pestizide.pdf

138 Ebd.

139 www.bund-naturschutz.de/fileadmin/_migrated/content_uploads/Hormonaktive_Substanzen_im_Wasser.pdf

140 BUND: Männchen in Gefahr, Wie hormonelle Schadstoffe zum Aussterben der Arten führen können, Berlin 2009.

141 Ebd.

142 Susanne Krispin: Endlich! Dioxin verweiblicht Männer, taz, 15.9.1994.

143 www.hollawint.com/files/wahl_bekanntmachung.pdf

144 www.oisat.org/what_is_oisat.html

145 Cerutti, Herbert: Wie Hans Rudolf Herren 20 Millionen Menschen rettete, Zürich 2011.

146 Robin, Marie-Monique: Zukunft pflanzen, Arte, 8.12.2012, www.arte.tv/de/zukunft-pflanzen-bio-fuer-9-milliarden/6815836.html; IFOAM (Hrsg): Genetic Engineering vs. Organic Farming, Bonn 2008; Koechlin, Florianne: Zellengeflüster, Basel 2007, S. 25 ff.

147 Goldhahn, Sabine: Mit Käfern gegen Ambrosia, Deutschlandfunk, 23.6.2014.

148 Tuck, Sean, et al: Land-use intensity and the effects of organic farming on biodiversity: a hierarchical meta-analysis, Journal of Applied Ecology 2014.

149 www.ithaka-journal.net

150 Scheub, Ute; Pieplow, Haiko; Schmidt, Hans-Peter: Terra Preta, die schwarze Revolution aus dem Regenwald, München 2013; www.nature.com/ncomms/journal/v1/n5/full/ncomms1053.html

151 Lemke, Harald: Politik des Essens, Bielefeld 2012, S. 152 ff.

152 Holmgren, David: Permakultur. Gestaltungsprinzipen für zukunftsfähige Lebensweisen, Klein Jasedow 2015 (in Vorbereitung).

153 Heimrath, Johannes; Mallien, Lara: Da lachen selbst die Hühner, Oya 26/2014, www.oya-online.de; www.herrmannsdorfer.de

154 www.bund.net/themen_und_projekte/chemie/pestizide/pestizidfreie_kommune/broschuere_pestizidfreie_kommune

155 www.kommunen-fuer-biologische-vielfalt.de

156 Über 40 % der Milch in Bayern gentechnikfrei, www.keine-gentechnik.de, 22.7.2014.

157 www.gentechnikfreie-regionen.de/regionen-gemeinden/gentechnikfreie-bundeslaender.html

158 www.gmo-free-regions.org/gmo-free-regions/maps.html

159 www.transitionnetwork.org/blogs/rob-hopkins/2014-01/eradicating-cancer-route-scaling-transition-discuss

160 Zukunftsstiftung Landwirtschaft: a. a. O., S. 1; 22 f.

161 Busse, Tanja: Landwirtschaft am Scheideweg, Aus Politik und Zeitgeschichte, 1.2.2010.

162 Zukunftsstiftung Landwirtschaft: a. a. O., S. 10; D'Almeida, Kanya: Ukraine. Land Grabbing im Brotkorb Europas, Inter Press Service, 1.8.2014.

163 IAASTD: Weltagrarbericht, Synthesebericht, hrsg. von Stephan Albrecht und Albert Engel, Hamburg 2009 S. 78.

164 Zukunftsstiftung Landwirtschaft: a. a. O., S. 34.

165 www.bundestag.de/presse/hib/2014_06/-/282536

166 Härlin, Benedikt: Der Paradigmenwechsel, in: Kritischer Agrarbericht 2012, S. 17.

167 Robin: a. a. O.

168 Stodieck, Friedhelm: Die Bewegung stimmt – zuversichtlich!, in: Kritischer Agrarbericht 2014, S. 9 ff.

169 Enoghase, Sylvester: States Must Integrate Organic Agriculture To Meet Food Security, www.independentngonline.com, 9.5.2007.

170 Zukunftsstiftung Landwirtschaft: a. a. O., S. 4 ff.

171 www.unctad.org/en/docs/ditcted200715_en.pdf

172 Jaura, Ramesh: Who Is Afraid of ›Hunger Reports‹?, Indepth News, 14.10.2009.

173 Badgley, C., et al: Organic Agriculture and the Global Food Supply. Renewable Agriculture and Food Systems, 2007, S. 86 ff., www.organicvalley.coop/fileadmin/pdf/organics_can_feed_world.pdf

174 Von Koerber, Karl, et al., Globale Nahrungssicherung für eine wachsende Weltbevölkerung, Journal für Verbraucherschutz und Lebensmittelsicherheit 4(2), S. 174 ff.

175 Jessel, Maria et al: Produktivkraft Natur, Hamburg 2009, S. 86.

176 Rodale Institute: The Farming System Trials. Celebrating 30 Years, www.rodaleinstitute.org/files/FSTbookletFINAL.pdf

177 www.ec.europa.eu/agriculture/ricaprod/pdf/FEB4_Organic_farming_final_web.pdf

178 Oxfam: a. a. O., S. 29.

179 Knaup, Horand: Mister Rinaudo will die Wüste stoppen, Spiegel-Online, 18.6.2012.

180 Dennerlein, Dina: Biologischer Anbau führt zu Rekordernte, 11.3.2014; John Vidal: India's Rice Revolution, The Guardian, 16.2.2013.

181 Schneeweiß, Antje; Weltin, Patrick: Agrarland als neues Anlageprodukt, Südwind Studie, 11.12.2013, www.suedwind-institut.de

182 Spörndli, Markus: Keimlinge der Demokratie, WOZ, 24.5.2012.

183 Blessin, Sandra: Exportschlager Hunger, in: Kritischer Agrarbericht 2012, S. 82 ff.; »Farbe der Forschung«: Konferenz der Zukunftsstiftung Landwirtschaft im März 2014 in Berlin.

184 Jessel: a. a. O., S. 83.

Weiterführende Literatur

Agrarbündnis (Hrsg.): Der kritische Agrarbericht, München 2009, 2011, 2012, 2013, 2014; online unter: www.kritischer-agrarbericht.de

Bode, Thilo: Die Essensfälscher. Was uns die Lebensmittelkonzerne auf die Teller lügen, Frankfurt 2010.

Carson, Rachel: Der stumme Frühling. 3. Auflage. Mit einem Vorwort von Joachim Radkau, München 2013.

Christ, Manfred (Hrsg.): Bedrohte Saat. Saatgutpflege und der Kampf gegen die Macht der Agrokonzerne, Dornach 2010.

Clausing, Peter: Die grüne Matrix. Naturschutz und Welternährung am Scheideweg, Münster 2013.

Fischer, Hermann: Stoff-Wechsel. Auf dem Weg zu einer solaren Chemie für das 21. Jahrhundert, München 2012.

Gottwald, Franz-Theo; Krätzer, Anita: Irrweg Bioökonomie. Kritik an einem totalitären Ansatz, Berlin 2014.

Haalck, Klaus Friedrich: Pestizide nein danke, Berlin 2013.

International Assessment of Agricultural Knowledge, Science and Technology for Development (IAASTD): Weltagrarbericht. Synthesebericht, Hamburg 2009.

Idel, Anita: Die Kuh ist kein Klimakiller. Wie die Agrarindustrie die Erde verwüstet, und was wir dagegen tun können, Marburg 2010.

Lemke, Klaus: Politik des Essens. Wovon die Welt von morgen lebt, Bielefeld 2012.

Löwenstein, Felix zu: Food Crash. Wir werden uns ökologisch ernähren oder gar nicht mehr, München 2011.

Montgomery, David R: Dreck. Warum unsere Zivilisation den Boden unter den Füßen verliert, München 2010.

Robin, Marie-Monique: Mit Gift und Genen. Wie der Biotech-Konzern Monsanto unsere Welt verändert, München 2010.

Rickelmann, Richard: Tödliche Ernte. Wie uns das Agrar- und Lebensmittelkartell vergiftet, Berlin 2012.

Scheub, Ute; Pieplow, Haiko; Schmidt, Hans-Peter: Terra Preta. Die schwarze Revolution aus dem Regenwald. Mit Klimagärtnern die Welt retten und gesunde Lebensmittel produzieren. München 2013.

Shiva, Vandana: Leben ohne Erdöl. Eine Wirtschaft von unten gegen die Krise von oben, Zürich 2009

Steiner, Dieter: Rachel Carson. Pionierin der Ökologiebewegung. Eine Biographie, München 2014.

Then, Christoph: Die Rache von Käfer & Co. 20 Jahre kommerzieller Anbau von Genpflanzen in den USA, hrsg. von Martin Häusling, Wiesbaden 2013; online unter: www.martin-haeusling.eu

Then, Christoph; Boeddinghaus, Runa: Superweeds. Resistente Unkräuter bedrohen die Ernte! Das Prinzip industrielle Landwirtschaft in der Sackgasse, hrsg. von Martin Häusling, Wiesbaden 2014; online unter: www.martin-haeusling.eu

Zukunftsstiftung Landwirtschaft (Hrsg.); Härlin, Benedikt (Red.): Wege aus der Hungerkrise. Die Erkenntnisse des Weltagrarberichtes und seine Vorschläge für eine Landwirtschaft von morgen, Berlin und Hamm 2010; online unter: www.weltagrarbericht.de

Nützliche Organisationen

Arbeitsgemeinschaft bäuerliche Landwirtschaft e. V.: www.abl-ev.de
Agrarbündnis e. V.: www.agrarbuendnis.de
Forum für internationale Agrarpolitik e. V.: www.agrarkoordination.de
Aktionsbündnis Agrarwende Berlin-B'burg: agrarwende.wordpress.com
Netz gegen Agrarindustrie: www.bauernhoefe-statt-agrarfabriken.de
Bund für Umwelt und Naturschutz Deutschland e. V.: www.bund.net
Coordination gegen Bayer-Gefahren: www.cbgnetwork.org
Europäisches Netzwerk engagierter Ökotoxikologen: www.ensser.org
Obervinschgauer Netzwerk für Nachhaltigkeit: www.hollawint.com
Initiative für Feldbefreiung ›Gendreck weg!‹: www.gendreck-weg.de
Interessengemeinschaft Botulismus: www.ig-botulismus.de
Informationsdienst Gentechnik: www.keine-gentechnik.de
Bürgerinitiative Landwende: www.landwende.de
Kampagne ›Meine Landwirtschaft‹: www.meine-landwirtschaft.de
Naturschutzbund Deutschland e. V.: www.nabu.de
Pestizid Aktions-Netzwerk e. V. (PAN Germany): www.pan-germany.org
Initiative ›Save our Seeds‹: www.saveourseeds.org
Schweisfurth-Stiftung: www.schweisfurth.de
Michael Succow Stiftung: www.succow-stiftung.de
Stiftung GEKKO: www.stiftung-gekko.de
Umweltbund e. V.: www.umweltbund.de
Umweltinstitut München e. V.: www.umweltinstitut.org
Initiative ›Wir haben es satt!‹: www.wir-haben-es-satt.de
Arbeitsgruppe Zivilcourage: www.zivilcourage.ro
Zukunftsstiftung Landwirtschaft in der GLS Treuhand:
www.zukunftsstiftung-landwirtschaft.de

— **Eine leidenschaftliche Streitschrift wider den Rassismus und Kolonialismus in unseren Köpfen**

— **Nur wer subtile Gewalt erkennt, kann sie überwinden**

— **Eine wichtige Stimme in der Debatte um Integration**

Die abendländische Gesellschaft betrachtet sich gerne als frei, aufgeklärt und gerecht. Tatsächlich basiert sie jedoch auf struktureller Gewalt. Ihre vielgerühmte Freiheit ist eine Freiheit der Angepassten. Diese Tiefenkritik der unsichtbaren Tropenhelme, unter denen wir bis heute kolonialistisches Denken zelebrieren, zeigt die Ursprünge von Konkurrenz und Rassismus und eröffnet Perspektiven auf unser aller Emanzipation.

Der unsichtbare Tropenhelm
Friederike Habermann

112 Seiten, Broschur
ISBN 978-3927369-75-7

thinkoya

thinkOya
Am See 1
17440 Klein Jasedow
Telefon +49 (03 83 74) 7 52 24
Fax +49 (03 83 74) 7 52 23
info@think-oya.de
www.think-oya.de